양자세계 야누스를 깨우다

DUALITY OF JANUS

이 종 덕 지음

북스힐

1900년 이전의 물리학을 고전물리학(classical physics)이라고 한다. 벌써 100여 년의 세월이 흘렀으니 고전이라 할 만도 하다. 하지만 우리는 여전히 고전물리학적 시각으로 세상을 바라보고, 또 이해하고 있다. 비록 고전물리학으로 이해할 수 있는 세계가 우리 인간의 오감이라는 안테나에 잡히는 거시세계의 현상들에 국한되지만 살아가는 데 불편할 정도로 이해가 불가능한 현상은 거의 없는 것 같다. 신이나 미확인비행물체(UFO: unidentified flying object) 그리고 초자연적 현상 등과 같은 현대의 과학으로도 설명할 수 없는 불편한(?) 대상들은 여전히 존재하지만 이런 불가해한 존재들을 과학의 대상에서 제외하면 고전물리학으로 거의 모든 자연현상을 설명할 수 있다고 해도 과언은 아니다. 기원전 5~6세기경 자연철학이 시작된 이래로 약 2000년의 세월이 흐른 뒤에야 비로소 고전물리학이라는 학문이 출현하였으며 이후 여러 위대한 학자들의 도움으로 더욱 견고한 학문체계로 완성되어 왔다. 고전물리학의 진화는 지금도 현재진행형이다. 고전물리학은 뉴턴역학으로부터 출발하여 맥스웰에 의한 전자기학 그리고 아인슈타인의 상대성이론을 통해 완성되었으며, 자연이라는 더 넓은 대양을 항해하는 데 없어서는 안 될 오랜 지도와도 같은 것이다. 그들이 마련해 놓은 지도 덕분에 우리는 이 광활한 우주 속에서 길을 잃지 않고 안전한 여행을 할 수 있게 되었다. 21세기 지금도 고전물리학이라는 지도를 따라 우주여행은 계속되고 있다.

그런데 19세기 말, 지도에도 없던 어마어마한 산이 갑자기 우리의 앞을 가로막았다.

고전물리학으로는 오를 수 없는 그런 산이었다. 지금까지 들도 보도 못했던 현상들이 속속 나타났다. 그 현상들은 우리 오감의 영역을 벗어난 아주 작은 세계에서 일어나는 일들이었다. 오감으로 전혀 느낄 수 없는 미시세계의 어떤 작용으로 일어나는 현상들이었기 때문에 거시세계를 다루는 고전물리학이라는 지도에는 나타나 있지 않았던 것이다. 인류문명의 바퀴가 계속 돌아가기 위해서는 이 산을 개척하고 정복해야만 한다. 당연히 용감하고 헌신적인 탐험가가 필요하다. 이들은 새로운 루트를 스스로 개척하면서 산을 올라야만 한다. 19세기 말, 전 세계 물리학자들이 바로 이 탐험가들이었다. 우리가 가진 지도는 거시세계를 그려놓은 고전물리학이라는 미완의 반쪽짜리뿐이었다. 우리 인류에게는 미시세계를 포함한 두 세계가 모두 그려진 지도가 필요했다. 19세기 말에서 20세기로 넘어가는 세기의 전환기에 수많은 과학자들의 연구를 통해 미시세계라는 큰 산이 조금씩 그리고 경이로운 자태를 드러내기 시작했다. 이 산을 최초로 오른 개척자가 바로 막스 플랑크(Max Planck)다. 그런데 막스 플랑크를 이 산으로 인도한 것은 다름 아닌 '빛'이었다. 이 빛을 따라 미시세계라는 큰 산을 오를 수 있는 길이 열리게 되었다. 미시세계라는 산으로 모든 과학자들을 이끈 장본인도 역시 '빛'이었다. 그렇게 빛의 인도를 받아 미시세계에 대한 지도가 조금씩 그 윤곽을 드러내기 시작했는데 그 지도가 바로 '양자물리학(quantum mechanics)'이다.

양자물리학의 중심에는 언제나 빛이 있었다. 그렇기 때문에 빛은 양자물리학을 떠받치고 있는 주춧돌인 셈이다. 또한 빛은 미시세계의 전령사다. 미시세계를 직접 볼 수는 없지만 그 속에서 벌어지고 있는 일들은 빛이라는 전령사를 통해 우리에게 전달된다. 그렇기 때문에 빛이라는 전령사가 사건을 어떻게 전달해주느냐에 따라 미시세계의 참모습도 달라 보일 것이다. 그래서 미시세계를 제대로 이해하기 위해서는 빛이라는 전령사의 본질을 아는 것이 무엇보다 중요하다. '빛의 본질' 또는 '빛의 실체'에 대한 논쟁은 역사를 한참이나 거슬러 올라간다. 17세기 뉴턴은 빛이 아주 작은 알갱이(corpuscles: 입자)라고 주장했다. 왜냐하면 빛은 속력이 아주 빠른 물체처럼 직선운동을 하기도 하고 물수제비돌 기처럼 물체로부터 반사도 되기 때문이다. 이뿐만 아니라 빛이 굴절하는 것도 빛이 알갱이와 같은 입자이기 때문에 가능한 현상이라고 설명했다. 그러나 회절이나 간섭 그리고 편광과 같은 현상들은 입자인 빛을 가지고서는 전혀 설명할 수 없었다. 뉴턴 이후 빛에 대한 많은 연구가 이루어졌는데 그중에서 특히 호이겐스(Christiaan Huygens)와 영(Tomas Young)의 연구가 빛의 본질을 이해하는 데 가장 중요한 역할을 했다. 호이겐스는 파동이 매질을 통해 진행해가는 원리를 설명했으며 영은 호이겐스 원리를 이용하여 슬릿을 통과한 빛이 스크린에 만드는 간섭무늬를 설명할 수 있었다. 이렇게 빛을 파동으로 해석할 경우 입자로는 설명할 수 없었던 회절, 간섭 그리고 편광은 물론 빛과 관련된 모든 현상들을 설명할 수 있었다. 파동으로 빛과 관련된 모든 현상들이 설명되자 뉴턴의 권위에 기대어 근근이 지탱되어온 '빛의 입자설'은 역사의 뒤안길로 사라졌으며 이후 과학자 사회에서는 '빛의 파동설'을 정설로 받아들이기 시작했다. 따라서 과학자들은 자연스럽게 빛을 다른 파동들과 비교하게 되었으며 이 과정에서 빛도 다른 파동들처럼 공간을 전파해가기 위해서는 매질이 필요할 것이라고 생각했다. 과학자들은 이 가상의 매질을 '에테르(ether)'라고 불렀다. 그런데 수면파의 물이나 음파의 공기처럼 빛에 대한 매질은 전혀 감지할 수 없는 그런 존재였다. 그런데 1887년 마이컬슨(Michelson)과 몰리(Morley)의 실험을 통해 에테르의 존재가 부정되었으며 이 결과는 '맥스웰 방정식'에 의해 이론적으로 증명되었다. 맥스웰 방정식에 따르면 전자기적 파동은 매질 없이도 스스로 공간 속을 전파해갈 수 있으며 이때 파동의 속력은 광속과 같다는 것이다. 얼마 뒤 헤르츠가 최초로 전자기파를 발생시키는 실험에 성공함으로써 빛이 전자기적 파동의 일종이며 빛의 속력 역시 맥스웰 방정식의 결과와 일치한다는 사실을 증명할 수 있었다. 빛과 관련된 이 모든 연구결과들은 '빛의 파동성'을 더욱 견고하게 만들었으며 20세기의 여명이 밝아오기 바로 직전까지 빛의 본질이 파동이라는 사실에 대해서는 추호의 의심도 없었다.

그런데 20세기의 시작과 더불어 빛의 입자성이 아인슈타인을 통해 다시 부활하게 된다. 그리고 플랑크는 빛이 불연속적인 덩어리 형태의 에너지만 가질 수 있다고 주장하게 된다. 빛은 다시 입자가 되었다. 하지만 작은 슬릿을 통과한 빛이 스크린 위에 만드는 밝고 어두운 간섭무늬는 여전히 파동으로밖에 설명할 수 없었다. 입자와 파동! 절대 부인할 수 없는 빛의 두 가지 성질. 빛에 대해서 거의 다 안다고 생각했는데 다시 빛의 본질에 대한 딜레마에 빠져버렸다. 빛이라고 하는 하나의 물리적 존재가 두 가지 성질을 동시에 가질 수 있다는 사실이 우리를 정말 당혹스럽게 한다. 마치 로마신화 속에 등장하는 야누스가 되살아난 듯하다. 야누스의 두 얼굴이 흡사 빛이 가진 '이중성'과 닮아 있다. 그러나 빛의 이중성은 신화가 아니다. 빛의 실체 바로 그것이다. 미시세계의 전령사인 빛이 야누스처럼 우리에게 다가왔다. 양자물리학은 빛과 함께 시작되었다. 야누스를 부활시킨 양자물리학!

양자물리학이 어려운 이유가 여기에 있다. 양자물리학의 개념의 난해함이 바로 이 이중성에서 비롯되기 때문이다. 이중성 때문에 개념들이 얽히고설켜 있어 그 내용의 본질을 파악하기가 쉽지 않다. 양자물리학 개념의 이러한 난해함을 이중성으로 풀어보려는 것이 이 책의 목적 중 하나이다. 따라서 이중성을 제대로 파악하기 위해서는 입자와 파동이 무엇인지 정확한 물리적 의미를 먼저 이해해야 되기 때문에 첫 장에서는 이와 관련된 내용을 제일 먼저 다루게 된다. 그런 다음 3장에서는 본격적으로 입자와 파동, 이중성을 논할 것이다. 이후로 내용이 조금씩 깊이를 더하면서 양자물리학 속으로 이중성이 자연스럽게 녹아들어가는 과정과 이중성으로 인해서 나타나는 양자물리학적 결과들을 순차적으로 전개해 나갈 것이다. 그리고 개념의 연속성을 확보하기 위해 각 장의 첫 문단에는 이전 장의 내용을 간략하게 요약하면서 새 장을 시작하게 된다. 이 책의 또 다른 목적은 양자물리학의 기본개념에 대한 이해를 필요로 하는 일반인을 포함한 인문학 전공자들이나 양자물리학의 기초가 필요한 이공계 전공자들을 위한 기초 양자물리학 입문서로서의 역할이다. 독자들 중에는 갑자기 마주하게 된 생소한 개념들과 양자역학의 발전과정 곳곳에서 등장하는 수식들 때문에 아마 당황할 수도 있을 것이다. 그리고 조금은 혼란스럽고 짜증이 날 수도 있겠지만 현대문명의 중심에 있는 양자물리학을 조금이나마 느낄 수 있다는 기쁨으로 글을 읽었으면 한다. 가능한 한 수식을 사용하지 않고 양자물리학을 말로 풀어 쓰기 위해 필자 본인도 많은 고민을 했었는데, 그 흔적이 독자들께 고스란히 전달됐으면 하는 바람이다. 비록 필자의 글재주가 얕기는 하나 그럼에도 불구하고 이 책을 출판하는 이유는 21세기 현대과학기술문명의 바탕을 이루는 것이 양자물리학이며 또한 양자물리학은 21세기의 교양지식이 되었기 때문이다.

입자와 파동(Particle and Wave)

전구에서 나오는 빛은 어떤 모습일까? 작은 알갱이 같은 입자일까? 아니면 멀리 퍼져나가는 파동일까? 굳이 그림으로 묘사해보자면 그림 1.1과 같을 것이다.

입자와 파동! 어느 것이 빛의 진짜 모습일까? 과학자들은 두 가지 다 빛의 참모습이라고 주장한다. 왜냐하면 둘 모두 실험을 통해 증명되었기 때문이다. 따라서 우리도 빛이 가진 이러한 이중적인 성질을 싫든 좋든 받아들여야만 한다. 그러기 위해서는 먼저 입자가 무엇인지 그리고 파동은 또 무엇인지를 알아야만 한다. 파동과 입자 사이에는 어떤 공통점이 있는지 아니면 이 둘은 완전히 다른 존재인지를 파악해야만 한다. 이중성을 가진 빛이라는 야누스를 만나보기 전에 지금부터 입자와 파동을 물리적으로 어떻게 정의하는지 한번 알아보도록 하자.

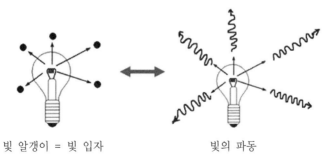

빛 알갱이 = 빛 입자   빛의 파동

그림 1.1 전구에서 나오는 빛.

일반적으로 야구공이나 축구공과 같이 제법 큰 물체들을 입자라고 부르지는 않는다. 군이 입자라고 부르고 싶으면 아주 큰 입자라고 할 수는 있지만 보통은 그냥 물체라고 한다. 대개 '입자'라는 용어는 먼지나 꽃가루 등과 같이 아주 작은 대상들을 부를 때 흔히 사용한다. 이런 맥락에서 원자나 분자 그리고 전자나 양성자 등과 같은 미시세계의 물체들을 지칭할 때 주로 '입자'라는 용어를 사용하게 된다. 어쨌든 입자는 크든 작든 물체를 지칭할 때 사용하는 용어이기 때문에 입자를 '유한한 크기와 물리적 성질들(질량이나 전하 등)을 가진 물체'로 정의할 수 있다. 이제 '입자'를 어떤 작은 물체로 상상하면서 입자가 가진 세부적인 특징을 하나씩 살펴보도록 하자.

한 입자가 책상 위에 놓여 있다고 하자. 그래서 입자가 어디에 있는지 누군가 물으면 언제든지 '여기 아니면 저기요'라고 정확하게 대답할 수 있다. 왜냐하면 입자는 책상 위의 어딘가 한정된 공간에만 존재하기 때문이다. 여기나 저기보다 좀 더 구체적으로 입자의 위치를 정의할 수 없을까? 바둑판처럼 책상표면에 눈금을 그려놓으면 어떨까? 입자의 위치를 가로와 세로 눈금으로 나타내보면 아마 여기저기보다는 훨씬 분명하게 위치를 정의할 수 있을 것이다. 바둑판 위에 있는 바둑돌을 가리킬 때도 그 돌이 놓여 있는 곳의 가로와 세로 눈금에 해당하는 수들을 이용한다. 가로와 세로라는 용어를 x축과 y축으로 바꾸면 그게 바로 수학이나 과학에서 사용하는 '좌표계(coordinate system)'가 되는 것이다. 바둑판의 눈금들을 가리키는 가로/세로에 해당하는 숫자들은 좌표계에서는 위치를 정의하기 위해 사용하는 좌표값이 되는 것이다. 바둑판과 같은 평면에 놓여 있는 입자의 위치를 정하기 위해서는 반드시 가로/세로의 눈금에 대응되는 두 수가 필요하며, 허공에 매달려 있는 물체의 위치는 '가로/세로/높이'에 해당하는 3개의 수가 필요하다. 이처럼 입자가 어떤 공간에 놓여 있는가에 따라 위치를 정하는 데 필요한 좌표의 수가 서로 다르다는 것을 알 수 있다. 좌표계는 좌표축의 수가 몇 개인가에 따라 1차원좌표계(선,

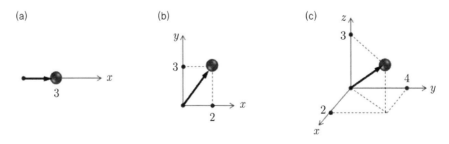

그림 1.2 (a) 1차원좌표계, (b) 2차원좌표계, (c) 3차원좌표계.

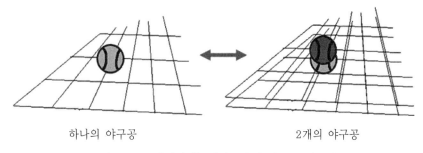

하나의 야구공   2개의 야구공

그림 1.3 공간상의 한 점에 2개의 야구공 겹치기.

좌표의 수=1), 2차원좌표계(면, 좌표의 수=2), 3차원좌표계(공간, 좌표의 수=3), 4차원좌표계(시공, 좌표의 수=4) 그리고 n차원좌표계(n차원 공간, 좌표의 수=n) 등으로 구분할 수 있다. 이와 같은 좌표계를 사용하면 '여기요, 저기요' 하는 지시대명사 대신 좌표계상의 한 점으로 입자의 위치를 정확하게 정의할 수 있다. 그림 1.2는 서로 다른 좌표계를 이용하여 입자의 위치를 표시하는 방법을 보여주고 있다.

주어진 좌표계에서 입자의 위치는 (3), (2, 3), (2, 3, 4)와 같이 각 좌표축에 해당하는 값들의 순서쌍으로 나타낼 수 있다. 이때 순서쌍을 이루는 숫자들의 개수는 정확히 좌표수와 같다. 이렇게 '입자'라는 대상의 위치는 좌표계를 이용하여 정확하게 나타낼 수 있다는 것을 알 수 있다. 여기서 우리가 꼭 기억해둬야 할 점은 입자는 언제나 공간상의 한 점만을 차지하고 있다는 것이다. 그래서 언제나 입자의 위치를 정확하게 정의할 수 있는 것이다. 이것이 입자의 첫 번째 특징이다. 두 번째 특징으로 입자는 유한한 크기를 가지고 있다는 것이다. 그렇기 때문에 두 입자가 동시에 공간상의 한 곳을 차지하는 것은 절대로 불가능하다. 즉, 두 입자는 절대로 한공간에 겹쳐 존재할 수 없다. 2개의 야구공이 자신의 모양을 고스란히 유지한 채 공간상의 한 점에 겹쳐 있을 수 없다는 것은 너무나 당연한 상식이 아닌가 싶다(그림 1.3).

이번에는 서로 마주보고 달려오는 두 야구공이 충돌하는 상황을 한번 상상해보자. 두 야구공이 어떻게 부딪치는가에 따라 충돌 후에 공들의 운동방향이 결정될 텐데, 이런 상황은 허다해서 충돌 후의 상황을 쉽게 예측할 수 있다. 그런데 두 공이 정면충돌하면서 각자의 모양을 유지한 채로 서로를 뚫고 지나가는 일이 가능할까? 질문 자체가 너무나 어처구니없다. 왜냐하면 우리의 상식으론 당연히 불가능하기 때문이다. 두 야구공이 공간의 한 점을 동시에 차지할 수 없듯이 절대 서로를 뚫고 지나갈 수도 없다. 그림

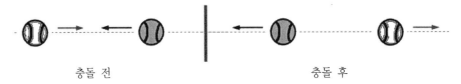

충돌 전   충돌 후

그림 1.4   두 야구공이 정면충돌하면서 서로를 뚫고 지나간 후 반대방향에 놓여 있는 모습.

1.4와 같은 상황은 절대 일어날 수 없다. 이것 또한 유한한 크기를 가진 입자의 한 특징이라 할 수 있다.

입자의 세 번째 특징은 속도와 방향을 마음대로 바꿀 수 있다는 것이다. 우리들이 이미 잘 알고 있듯이 적당한 힘을 이용하면 언제든지 입자의 속도와 방향을 자유자재로 바꿀 수 있다. 입자에 작용하는 힘이 크면 클수록 속도 변화뿐만 아니라 방향의 변화도 크다는 것을 잘 알고 있다. 그림 1.5는 힘이 작용하지 않을 때와 힘이 작용할 때 골프공과 축구공의 속도가 어떻게 달라지는지를 보여주고 있다. 단, 여기에는 보이지 않는 지구의 중력이 작용하고 있기 때문에 두 공의 궤적이 포물선 형태로 그려져 있다.

골프공을 세게 치면 속도 역시 그만큼 빨라질 것이고 시속 60 km로 달리는 자동차도 가속 페달을 점점 세게 밟으면 시속 80 km, 100 km로 빨라질 것이다. 방향을 바꿀 때도 마찬가지인데 핸들에 힘을 많이 실어 돌리면 급회전을 하게 되고 힘을 작게 주면 천천히 회전하게 된다. 이처럼 힘을 이용하여 속도와 방향을 언제든지 바꿀 수 있는 대상이 또한 입자이다. 지금까지 살펴본 입자의 특징을 정리해보면 다음과 같다. 입자는 공간상의 한 점을 차지하고 있으며, 두 입자는 절대 한공간을 공유할 수 없고 힘을 이용하여 언제든지 속도를 변화시킬 수 있는 물리적 대상으로 정의할 수 있다. 그림 1.6은 대포를 이용하여 포탄을 발사하는 장면을 묘사한 것인데 같은 높이에서 서로 다른 속도($V_1 < V_2 < V_3$)로 발사되는 포탄을 보여주고 있다. 그림을 보면 중력의 영향을 받아 모든 포탄들이 포물선운동을 하고 있는 것을 볼 수 있다.

그림 1.5   힘이 작용할 때와 작용하지 않을 때, 골프공과 축구공의 운동.

그림 1.6 속도에 따른 포탄의 비행거리 변화.

속도가 큰 포탄일수록 비행거리도 증가하는 것을 알 수 있다. 여기서 포탄을 큰 입자라고 생각해보자. 대포로부터 발사된 포탄과 같은 입자들의 운명은 어떻게 될까? 이 입자들의 매 순간 운동상태를 우리들은 알 수 없을까? 왜 포물선 궤적을 따라 운동하는지 그리고 속도가 클수록 왜 멀리 날아가는지 그 원인을 알 수는 없을까? 입자의 운동과 관련된 이런 물음들에 대한 해답은 바로 뉴턴의 '운동방정식(equation of motion)' 속에 모두 들어 있다. 입자의 모든 운동상태와 미래에 대한 정보는 바로 이 운동방정식 속에 다 들어 있다. 아래의 식이 바로 질량 m인 입자에 대한 운동방정식인데, 여기서 F는 입자에 작용하는 힘을 그리고 v와 a는 입자의 속도와 가속도를 각각 나타낸다. 그리고 $\dfrac{dv}{dt}$는 뒤에 나오는 v를 미분하라는 뜻을 지닌 수학기호이다. 이와 같이 입자의 모든 운동은 운동방정식으로 기술할 수 있으며 운동방정식의 해로부터 입자의 운동상태 변화에 대한 모든 정보를 얻을 수 있다.

$$F = ma = m\frac{dv}{dt}$$

다시 한번 정리하자면 결국 입자는 속도와 방향을 마음대로 바꿀 수 있는 유한한 크기와 물질의 양을 가진 아주 작은 물체라고 할 수 있다. 미시세계에 존재하는 물체들, 즉 원자, 전자, 양성자, 중성자, 그리고 퀴크, 등과 같은 대상들이 지금까지 살펴본 입자의 정의에 딱 들어맞는다고 할 수 있는데, 특히 이런 입자들을 '소립자(elementary particle)' 라고도 한다. 입자는 그런대로 정의된 것 같으니 이번에는 파동에 대해서 한번 알아보도록 하자.

파동은 어떤 물리량의 주기적인 변화가 공간이나 매질을 통해 진행해가면서 에너지를 지속적으로 전달하는 것으로 정의할 수 있다. 해수면에 돌을 던지면 물결이 일렁이면서 파도가 만들어지는데 이 파도가 돌이 가진 에너지를 해변으로 전달하게 되고 결국 바위나 돌을 침식시키게 된다. 음파는 공기압력의 주기적인 변화를 통해 에너지가 공간을 통해 진행한 뒤 우리의 고막을 진동시켜 소리를 만드는 파동이며, 전기장과 자기장의 세기가 주기적으로 변하면서 공간을 통해 전자기적 에너지를 전달하는 파동을 전자기파(electromagnetic wave) 또는 간단히 전파라고 한다. 음파나 파도가 멀리 진행해가기 위해서는 공기나 물이라는 매질이 필요한데 이렇게 매질을 필요로 하는 파동을 '역학적 파동(mechanical wave)'이라고 하며, 전파나 빛은 매질이 없는 공간 속을 스스로 진행해 갈 수 있기 때문에 '복사파(radiation)'라고 한다. 이와 같이 매질에 따라 파동을 구분하기도 하는데 어쨌든 파동이라는 것이 어떤 물리량의 주기적 변화를 통해 에너지가 전달되는 과정이라는 것은 동일하다.

우리 주변에서 가장 흔하게 볼 수 있는 파동인 수면파는 잔잔한 물결부터 거대한 파도까지 모두 포함하고 있다. 강물에 돌을 던졌을 때 만들어지는 동심원 형태의 파동을 한번 상상해보자. 그림 1.7과 같이 수면파의 중심을 좌표의 원점으로 하여 점선을 따라가면서 수면파의 단면을 보면 오른쪽 그림과 같이 보일 것이다. 수면의 높낮이가 주기적으로 변하면서 그 변화가 일정한 속력 V로 오른쪽으로 진행해가는 것을 볼 수 있다.

어떤 관측자가 강둑에서 이 파동을 바라보고 있다고 하자. 파동은 어디에 있으며, 위치는 어디로 정의해야 하는가? 그림 1.7에 표시된 숫자들 중에서 파동의 위치를 정확하게 나타내는 숫자는 어느 것인가? 하나의 숫자로 파동의 위치를 완전하게 정의할 수 있는가? 어쨌든 파도가 계속 오른쪽으로 움직이고 있는 상황이기 때문에 어떤 하나의 숫자로 파도의 위치를 정의하는 것이 무의미한 것 같다. 그럼 숫자 전체를 파동의 위치라고 할 수밖에 없는데, 이처럼 파동은 입자와는 다르게 공간상의 한 점으로 위치를 정의할 수 없는 대상이라는 것을 알 수 있다. 따라서 입자와 달리 계속 진동하면서 퍼져나가는

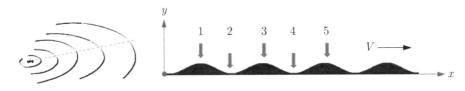

그림 1.7 동심원 형태의 수면파(왼쪽)와 점선을 따라 본 수면파의 단면(오른쪽).

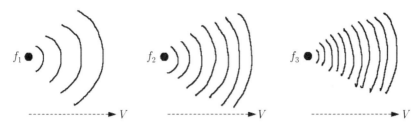

그림 1.8 서로 다른 진동수로 수면에 충격을 가했을 때 생성되는 파동의 모양.

파동은 본질적으로 여러 위치에 걸쳐 분포하는 것으로 정의되어야 할 것 같다. 이것이 공간상의 한 점으로 위치가 완전히 정의되는 입자와 다른 파동의 중요한 특징이다. 그림 1.8은 수면을 천천히 진동시킬 때와 빠르게 진동시킬 때 나타나는 물결의 모양을 나타낸다. 이때 수면을 두드리는 진동수는 $f_1 < f_2 < f_3$이다.

그림 1.8에 묘사되어 있는 것처럼 수면을 아무리 빠르게 진동시킨다 해도 수면파의 속력이 빨라지거나 느려지는 않는다. 수면파의 속력은 진동수와 무관하다는 것을 알 수 있다. 이제 수면을 두드리는 힘을 한번 변화시켜보자. 그림 1.9와 같이 쇠구슬을 서로 다른 높이에서 떨어뜨려보자. 이 경우 물체의 위치에너지는 높이에 비례하기 때문에 가장 높은 곳에 있는 왼쪽 물체의 위치에너지가 제일 크다. 따라서 수면에 가하는 충격은 높이가 줄어드는 만큼 약해질 것이다.

위치에너지가 큰 순서에 따라 수면에 가하는 충격이 크기 때문에 힘은 $F_1 > F_2 > F_3$가 될 것이다. 그림 1.9의 오른쪽에는 물체가 수면과 충돌하면서 만든 파도의 높이를 묘사한 것인데 파도의 높이(amplitude: 진폭)가 충격에 비례하여 높아지는 것을 알 수 있다. 진동수를 달리할 때와 충격을 달리했을 때의 결과를 비교해보면 수면파의 진동수가 수면에 가하는 힘과 무관하다는 것을 알 수 있다. 즉, 충격이 크다고 해서 수면파의 진동수가 증가하는 것은 아니다. 그림 1.9를 보면 힘의 세기에 관계없이 한 번 충격을 가하면

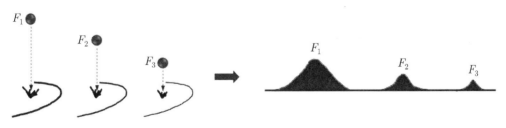

그림 1.9 수면에 가하는 충격과 파도의 높이.

한 번 진동하는 파도만 생성된다는 것을 알 수 있다. 그림 1.8과 1.9를 보면 입자와는 다른 파동이 가진 중요한 특징을 또 하나 발견할 수 있다. 바로 진동수와 충격의 세기에 관계없이 그림 속에 등장하는 모든 수면파의 속력이 같다는 것이다. 수면에 가하는 힘이 크다고 해서 수면파의 속력이 빨라지는 것은 아니다. 입자는 힘을 이용해 언제든지 속도를 변화시킬 수 있는데 파동은 매질에 가하는 힘을 아무리 다르게 하더라도 속력을 바꿀 수 없다. 왜 그럴까? 왜 파동의 속력은 힘으로 바꿀 수 없을까? 실제 실험을 해보면 음파의 속력은 기체에서보다 액체에서 더 빠르고 액체에서보단 고체에서 더 빠르다는 것을 알 수 있다. 수면파도 음파와 마찬가지로 액체의 종류에 따라 파동의 속력이 달라진다. 그러나 같은 수면을 아무리 세게 때려도 수면파의 속력은 증가하지 않는다. 파동의 속력은 한번 정해지면 매질이 똑같을 경우에는 절대 바꿀 수가 없다. 같은 맥락에서 운동하고 있는 입자는 힘을 이용하여 쉽게 멈출 수 있지만 파동은 불가능하다. 이것이 입자와 다른 파동의 또 다른 특징이다. 그림 1.10을 보면 이 상황을 좀 더 쉽게 이해할 수 있을 것이다. 입자는 쉽게 잡을 수 있지만 파동을 잡기 위해 수면에 손이 닿는 순간 새로운 파동이 생길 뿐이다. 외부의 힘으로 파동의 속력을 변화시키는 것은 불가능하며 한 번 태어난 파동은 사라질 때까지 자신의 성질을 고스란히 간직하게 된다.

앞에서 두 야구공의 정면충돌을 다뤘는데 이 상황을 파동에도 똑같이 한번 적용해보자. 두 야구공과는 다르게 두 파동은 공간상의 한 점에 동시에 존재할 수 있을까? 입자는 그럴 수 없다는 것을 앞에서 확인했다. 파동은 어떨까? 신기하게도 파동은 서로를 관통할 수 있다. 단 관통하는 동안 개개 파동들의 모양은 변형된다. 그러나 서로가 겹치는 곳을 통과한 후에는 본래의 모습을 가지고 처음과 같은 방향으로 진행한다. 파동이 서로 겹치는 것을 '중첩(superposition)'이라고 하며 중첩된 상태에서 두 파동은 서로에게 영향을

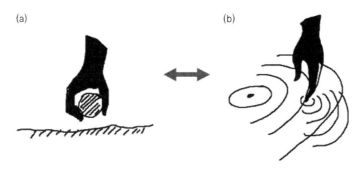

그림 1.10 (a) 입자와 (b) 파동 붙잡기.

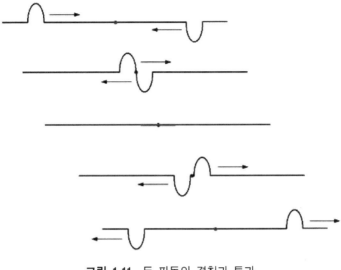

그림 1.11 두 파동의 겹침과 투과.

끼치게 되는데 이것을 '간섭(interference)'이라고 한다. 그림 1.11은 줄의 양끝에서 생성된 두 파동이 서로 반대방향에서 달려와 중심에서 만나는 상황을 보여준다. 줄의 중심에 도달한 두 파동이 서로 중첩되면서 간섭하여 중심에서 진동이 사라지는 것을 볼 수 있다.

그런데 중심을 벗어나자마자 두 파동은 본래의 모습으로 다시 각자의 방향으로 진행한다. 입자로서는 전혀 상상할 수 없는 현상이다. 여러 사물들로부터 반사된 수많은 빛들이 허공을 가로질러 우리들의 눈에 도달하기 전까지 수도 없이 많이 교차될 텐데도 불구하고 사물을 있는 그대로 볼 수 있는 것은 바로 파동이 가지는 이러한 특성 때문이다. 원래의 성질을 고스란히 유지한 채 눈에 도달하기 때문이다. 이렇게 중첩에 의한 간섭 결과로 만들어진 새로운 파동을 합성파라고 하는데 그림에서 볼 수 있듯이 합성파의 모양은 두 파동의 모양과는 완전히 다른 새로운 모양을 하고 있다. 간섭은 크게 보강간섭과 상쇄간섭으로 나눌 수 있는데 합성파의 진폭이 개개 파동이 가진 진폭보다 커지는 경우를 보강간섭(constructive interference), 더 작아지는 경우를 상쇄간섭(destructive interference)이라고 한다. 그림 1.12에서 두 파동이 보강간섭할 때와 상쇄간섭할 때의 결과를 볼 수 있다. 두 파동의 마루와 마루, 골과 골이 만나면 보강간섭이 일어나지만 마루와 골이 만나면 그림과 같이 상쇄간섭이 일어난다. 오른쪽 그림은 수면파들이 서로 교차하면서 만들어낸 밝고 어두운 간섭무늬를 보여주는데, 보강간섭과 상쇄간섭이 반복적으로 일어나는 것을 볼 수 있다.

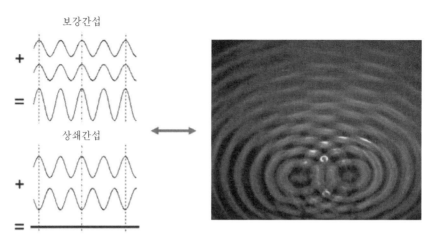

그림 1.12 보강간섭과 상쇄간섭 그리고 두 수면파의 중첩에 의한 간섭무늬.

지금까지 살펴본 것 외에도 파동은 반사(reflection), 굴절(refraction), 회절(diffraction) 그리고 편광(polarization)과 같은 특성들을 보인다. 이러한 현상들도 역시나 입자는 절대 흉내 낼 수 없는 파동의 고유한 특성이라 할 수 있다. 그럼 파동의 운동상태나 미래에 대한 정보는 어떻게 알 수 있을까? 입자의 운동상태는 뉴턴의 운동방정식으로 결정할 수 있다고 했는데 그렇다면 파동을 기술하는 방정식도 있지 않을까? 당연히 존재하는데 바로 '파동방정식(wave equation)'이다. 아래 식이 파동방정식을 나타내는데 이 방정식을 풀면 우리가 알고자 하는 파동에 대한 모든 정보를 얻을 수 있다.

$$\frac{\partial^2 u}{\partial x^2} = \frac{1}{v^2}\frac{\partial^2 u}{\partial t^2}$$

여기서 u는 주기적으로 변하는 물리량을 그리고 v는 파동의 속력을 각각 나타낸다. 파동방정식 속에 보이는 속력은 매질이 같을 경우에는 언제나 상수이다. 파동이 빛일 경우 속력은 $v = c$로 표시하며 그 값은 잘 알다시피 초속 30만 킬로미터(3×10^5 km/s)다.

이렇듯 입자와 파동은 본질적으로 서로 다른 존재들이다. 입자는 야구공과 같이 특정 공간에 한정되어 존재하며 가속시킬 수도 있고 운동량과 에너지를 언제든지 바꿀 수도 있다. 이와 달리 파동은 공간상의 한 곳에 머물러 있을 수 없으며, 정해진 파장과 진동수를 가지고 일정한 속력으로 주위 공간으로 끊임없이 퍼져나간다. 또 입자와 달리 파동은 가속시킬 수도 없고 그렇다고 에너지를 마음대로 바꿀 수 있는 것도 아니다. 결국 우리는 입자와 파동이 물리적으로 완전히 다른 존재라는 사실을 받아들여야만 한다. 이렇게 완전히 다른 두 성질, 즉 입자와 같은 성질과 파동과 같은 성질을 하나의 물리적 대상이 동시에 가질 수 있다는 사실을 우리는 어떻게 받아들여야 할까? 가능하기는 한 걸까? 만일 가능하다면 이 대상의 참모습은 우리에게 어떻게 보일까? 서로 다른 두 가지 성질을 동시에 가진 이런 대상의 운동은 또 어떻게 기술해야 할까? 뉴턴의 운동방정식으로 아니면 파동방정식으로 아니면 단순히 이 두 방정식들을 결합한 어떤 형태일까? 이런 대상이 실제로 존재한다면 뭔가 심상치 않은 일들이 일어날 것만 같다. 우리는 자연현상을 인과법칙에 따라 설명하고 이해한다. 대포를 쏘거나 달에 우주선을 보내거나 일기예보를 할 수 있는 것도 그 원인이 명확하게 주어졌기 때문에 결과를 정확하게 예측할 수 있는 것이다. 만약 원인에 대한 정확한 정보가 없거나 그 정보가 명확하지 않을 경우에도 결과를 정확하게 예측할 수 있을까? 당연히 그럴 수 없다. 따라서 어떤 대상이 입자와 파동이라는 두 성질을 동시에 가지고 있을 경우 이 대상의 미래에 대한 상태를 예측하는 데는 어려움이 생긴다. 인과법칙에 따르면 원인이 명확하게 주어져야 하는데, 이 경우 두 성질 중에서 어떤 것을 원인으로 선택해야 할지 분명하지 않기 때문에 결과도 역시 명확하게 예측할 수 없게 된다. 인과법칙이 그 효력을 상실하게 되는 것이다. 명확한 원인이 있을 때는 인과법칙의 틀 속에서 세상을 이해할 수 있었지만 원인을 정확하게 정의할 수 없게 된 이상 인과율의 틀은 우리가 세상을 이해하는 인식의 기본 틀이 될 수 없다. 새로운 인식의 틀을 짜야 한다. 이제 곧 입자와 파동이라는 두 성질을 동시에 가진 존재들과 만나게 될 텐데, 이런 존재들에게 인과법칙은 더 이상 유용할 것 같지가 않다. 인과율의 대안은 과연 무엇일까? 과연 물리학자들은 입자와 파동이라는 이중성을 가진 존재들을 다루기 위해 어떤 획기적인 방법을 고안하게 될까?

양자의 출현(Advent of Quantum)

 한겨울은 따뜻한 아랫목이 무엇보다 그리운 계절이다. 요즘처럼 난방기구가 없던 시절에는 따뜻한 난로가 얼마나 고마운 존재였는지 경험을 해본 사람들은 잘 알 것이다. 차갑게 언 두 손을 호호 불면서 난롯가에 조금이라도 더 가까이 앉을 요량으로 애를 써본 경험들이 있을 것이다. 그런데 요즘엔 캠핑이 보편화되어 있어 친구들이나 가족들과 야외에서 가끔 캠프파이어를 할 기회들이 있었을 것이다. 난로 속에서 벌겋게 타고 있는 장작이나 캠프파이어를 한번 떠올려보자. 불이 막 붙기 시작할 때는 붉은색 빛이 강하지만 불이 점점 활활 타오르면서 노란색으로 변하다가 나중에는 눈이 부실 정도로 하얗게 변해간다. 난로보다 훨씬 뜨겁고, 노랗고 하얀 빛을 볼 수 있는 또 하나의 물체가 있는데 그것이 바로 태양이다. 누구나 맨눈으로 태양을 한 번쯤은 본 경험이 있을 것이다. 그 밝은 빛 때문에 직접 보기엔 눈이 너무 부셔서 오래 볼 순 없지만 그래도 실눈을 뜨고 살짝 쳐다보면 약간 노란빛을 띠면서 하얗게 빛나는 것을 볼 수 있다. 이때 태양 표면의 온도는 약 6000℃ 정도인데 지구상에서는 좀처럼 얻을 수 없는 높은 온도다. 이처럼 뜨거운 물체에서 방출되는 빛의 에너지는 물체의 온도에 따라 달라지는데, 온도가 높을수록 에너지가 큰 빛이 방출될 것이라는 것은 쉽게 예상할 수 있다. 이때 방출되는 빛의 에너지(E)는 진동수(v)와 파장(λ)에 따라 달라지는데 진동수가 클수록, 그리고 파장이 짧을수록 에너지도 함께 증가한다.

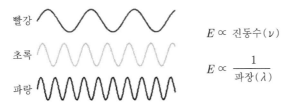

$$E \propto 진동수(\nu)$$

$$E \propto \frac{1}{파장(\lambda)}$$

그림 2.1 빛의 에너지, 진동수 그리고 파장.

물체의 온도가 계속 올라가면 에너지가 큰 빛이 점점 더 많이 방출될 것이다. 그런데 물체의 온도가 끝없이 증가하면 방출되는 빛의 에너지도 무한정 증가할까? 고전물리학적 이론으로 예측되는 결과는 그림 2.2와 같다. 그림 2.2는 온도가 지속적으로 증가할 경우 고온의 물체로부터 방출되는 빛의 세기가 파장에 따라 어떻게 달라지는지를 보여준다.

온도가 높아질수록 그래프는 점점 파장이 짧은 왼쪽으로 이동하는 것을 볼 수 있다. 그리고 빛의 세기도 끝없이 증가하는 것을 알 수 있다. 온도가 점점 더 올라가면 그래프도 점점 파장이 짧은 쪽으로 이동하게 되고 빛의 세기는 거의 무한대로 증가할 것이라는 것을 예상할 수 있는데 이러한 현상을 '자외선 파탄(ultraviolet catastrophe)'이라고 부른다. 무한대는 정의할 수도 해석할 수도 없기 때문에 '파탄(破綻)'이라는 용어를 빌려 이와 같은 상황을 표현한 것이다. 자외선 파탄에서 자외선은 가시광선 바로 너머에 있는 우리들이 볼 수 없는 빛의 경계에 해당되며 자외선보다 에너지가 큰 빛으로는 X-선과 감마선 등이 있다.

그림 2.2의 결과가 실제에도 똑같이 적용되는지 한번 살펴보자. 물체가 빛에 노출되면 온도가 올라가게 되고 고온의 물체가 되면 거꾸로 빛을 방출하기도 한다. 이처럼 물체의 표면을 통해 빛이 흡수되기도 하고 방출되기도 하면서 물체의 온도도 마찬가지로 높아지기

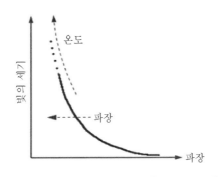

그림 2.2 고전물리학으로 예측한 복사곡선.

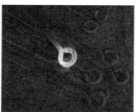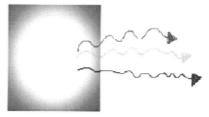

그림 2.3 용광로, 쇠막대, 그리고 태양과 빛.

도 하고 낮아지기도 한다. 그렇기 때문에 물체로부터 방출되는 빛의 에너지가 온도와 아주 밀접한 관계가 있음을 미루어 짐작할 수 있다. 물체가 가진 온도에 따라 어떤 에너지를 가진 빛이 얼마나 방출될 것인지를 알아보기 위해 '흑체(black body)'라고 하는 이상적인 물체를 한번 가정해보자. 흑체는 빛을 완전하게 흡수 또는 방출하는 이상적인 물체다. 보통 우리 주변에서 볼 수 있는 대다수의 물체들은 빛을 완전히 흡수하지도 또 에너지 전부를 빛의 형태로 방출하지도 않는다. 흡수과정에서는 빛의 일부가 산란되기도 하고 또 방출과정에서는 빛이 아닌 열의 형태로도 에너지를 방출하기 때문이다. 따라서 온도와 빛 사이의 관계를 정확하게 조사하기 위해서는 순전히 빛으로 흡수되거나 방출되는 것 이외에 열이나 산란을 통해 손실되는 에너지가 없어야 되는데 이런 조건을 만족하는 이상적인 물체가 바로 흑체다. 완전한 흑체는 아니지만 그런대로 흑체처럼 행동하는 물체들을 우리 주변에서 많이 볼 수 있는데 그 대표적인 예들로 용광로나 빨갛게 달궈진 쇠막대 그리고 태양과 같은 것이 있다.

태양이나 용광로에서 방출되는 빛의 스펙트럼을 이용하여 파장과 빛의 세기 사이의 관계를 조사해보면 그림 2.4와 같은 모양의 그래프를 얻을 수 있다. 그림 2.2와 비교해보면 확연히 다르다는 것을 알 수 있다.

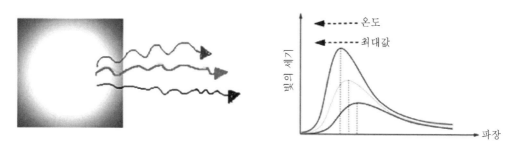

그림 2.4 온도 변화에 따른 파장과 빛의 세기 사이의 관계를 보여주는 복사곡선.

고전물리학을 바탕으로 예측한 결과와 실제 실험결과가 완전히 다르다. 그림 2.4의 복사곡선에서는 '자외선 파탄'을 찾을 수가 없다. 태양이나 용광로와 같은 고온의 물체로부터 얻은 실제 복사곡선에서는 자외선 파탄이 사라져버렸다. 어떻게 된 일인가? 고전물리학적 이론에 따르면 분명 자외선 파탄이 일어나야 하는데 빛의 세기가 최대인 곳보다 파장이 짧은 곳에서는 빛의 세기가 다시 줄어들고 있다. 파장이 짧은 쪽으로 갈수록 빛의 세기가 무한대로 발산해야 하는데 다시 0으로 수렴하고 있다. 고전물리학적 해석에 뭔가 문제가 있는 것이 분명하다. 그림 2.4의 그래프들이 가진 또 다른 특징은 물체의 온도와 관계없이 복사곡선들이 거의 같은 모양을 하고 있다는 것이다. 단지 차이가 있다면 온도가 높을수록 빛의 세기가 최대인 점의 위치가 짧은 파장 쪽으로 이동한다는 것이다. 도대체 뜨거운 물체 속에서는 무슨 일이 일어나고 있기에 고전물리학으로 설명이 안 된단 말인가? 고전물리학은 천체의 운동에서부터 일상생활에서 접할 수 있는 모든 역학적 운동을 완벽하게 설명할 수 있는 과학체계인데 어떻게 복사곡선 하나를 설명할 수 없다는 말인가?

사실 이 문제를 해결하기 위해서는 물체 속에서 빛이 어떻게 만들어지는지, 물체 속에서 무슨 일이 벌어지고 있는지, 그리고 빛은 어떤 원리나 법칙에 따라 뜨거운 물체로부터 방출되는지 등의 본질적인 물음에 대한 답을 먼저 찾아야만 한다. 그러나 19세기 말에서 20세기 초까지는 물체가 무엇으로 구성되어 있는지 그리고 그 속을 가득 채우고 있는 원자의 실체가 무엇인지 등에 관한 그 어떤 정보도 없었던 시기였다. 그렇기 때문에 그림 2.4와 같은 복사곡선의 원인을 밝혀내기 위해서는 그 당시 알려져 있던 모든 과학적 원리나 법칙에 기초를 둔 사고실험(thought experiment)을 해보는 것 외에는 별다른 방법이 없었다. 수많은 학자들이 이 문제를 해결하기 위해 다양한 시도를 했지만 복사곡선을 정확하게 설명할 수는 없었다. 결국 막스 플랑크(Max Planck)의 등장을 기다려야만 했다. 플랑크는 'h'로 이 문제를 깔끔하게 해결하였다. 플랑크가 도입한 'h'를 플랑크상수(Planck's constant)라고 한다.

$$h \fallingdotseq 6.63 \times 10^{-34} \, \text{m}^2\text{kg/s}$$

복사곡선을 설명하기 위해 플랑크는 복사선이 가질 수 있는 에너지를 띄엄띄엄 떨어져 있는 불연속적인 값들로 제한했다. 불연속적이라는 의미는 연속적이라는 의미와 비교해보면 쉽게 이해할 수 있다. 아날로그시계와 디지털시계를 떠올려보면 아날로그시계의 초침은 모든 숫자판을 다 휩쓸고 지나가지만 디지털시계는 0을 포함한 양의 정수로만 숫자를 표시할 뿐 두 정수 사이의 어떤 수도 나타내지 못한다. 이런 경우에 디지털시계의 숫자판은 불연속적인 값만 표시할 수 있다고 한다. 플랑크는 뜨거운 물체에서 나오는 복사선이 '$h\nu$'라는 에너지를 기본단위로 하여 $2h\nu$, $3h\nu$, $4h\nu$ 등과 같은 불연속적인 에니지민을 가질 수 있다는 가설을 세웠다. 이 과정에서 에너지와 진동수의 관계를 정의하기 위해 도입한 비례상수가 바로 플랑크상수, h이다. 이렇게 $h\nu$라는 불연속적인 에너지 덩어리를 플랑크는 '에너지양자(energy quantum)'라고 불렀다.

$$\text{Quantum} = 量子 = 양자$$

플랑크가 도입한 양자개념을 그림 2.5와 같이 간단히 묘사할 수 있다. 연속적인 에너지와 불연속적인 에너지를 경사면과 계단을 이용하여 쉽게 이해할 수 있는데 경사면을 내려오는 물체의 에너지는 연속적으로 변하지만 계단을 따라 내려오는 물체는 계단의 높이 차이만큼 에너지가 불연속적으로 띄엄띄엄 변하게 된다. 플랑크가 제안한 양자가설에 따르면 고온의 물체로부터 방출되는 빛이 가질 수 있는 에너지는 최소에너지의 정수배만 허용되기 때문에 마치 계단처럼 띄엄띄엄한 불연속적 에너지만 가질 수 있게 된다.

그림 2.5의 오른쪽은 플랑크의 양자가설을 기초로 해서 얻은 복사이론을 이용하여 컴퓨터로 시늉한 복사곡선을 나타낸다. 실험을 통해 얻은 그림 2.4의 실제 복사곡선과 그 모양이 정확하게 일치하는 것을 알 수 있다. 플랑크의 양자가설이 복사곡선의 자외선 파탄 문제는 물론 복사곡선의 모양까지도 해결한 셈이다. 복사곡선이 그림 2.4와 같은 이유는 바로 고온의 흑체에서는 띄엄띄엄한 에너지 덩어리, 즉 불연속적인 에너지를 가진 빛들만 방출되기 때문이다. 빛은 언제나 불연속적인 에너지만 가질 수 있다는 혁명적인 양자가설의 도입으로 그렇게 복사곡선 문제는 완전히 해결될 수 있었다. 플랑크의

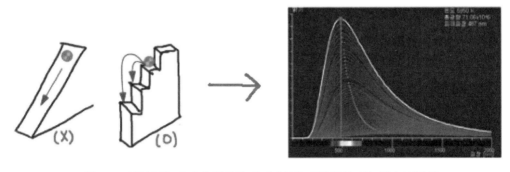

그림 2.5 불연속적 에너지 변화와 양자가설을 이용하여 시늉한 복사곡선.

양자개념은 연속적인 물리량들로 자연현상을 기술하는 고전물리학에 일대 파란을 일으켰으며 앞으로 다가올 양자물리학이라는 어마어마한 태풍의 눈이 되었다.

그림 2.6은 미항공우주국, NASA의 우주배경복사 탐사위성인 코베(COBE: cosmic background explorer)로부터 얻은 우주배경복사(cosmic background radiation) 곡선이다. 그림 2.4와 그림 2.5의 복사곡선들과 비교해보면 그 모양이 완전히 일치한다는 것을 알 수 있다. 빅뱅이론 또는 대폭발이론은 현재까지도 학계에서 정설로 받아들여지고 있는 우주탄생의 원리를 밝힌 이론이다. 우주배경복사는 빅뱅 이후 약 138억 년 동안 우주가 팽창하면서 절대온도 ~3 K로 식으면서 방출하는 복사선이다. 비록 3 K라는 온도가 −270℃로 아주 낮은 온도이긴 하지만 절대온도 0 K보다는 높기 때문에 우리 우주 자체도 ~3 K 온도로 데워진 거대한 열원이라고 할 수 있다.

우주라는 거대한 흑체로부터 얻은 복사곡선도 플랑크의 양자가설로 설명된다는 사실이 정말 신기하기만 하다. 양자개념이 138억 년이라는 우리 우주의 긴 역사 속에서도 살아 숨 쉬고 있었다니 정말 경이롭기까지 하다.

플랑크의 양자가설에 따라 빛은 더 이상 연속적인 에너지를 가질 수 없게 되었다. 그렇기 때문에 고온의 물체들도 더 이상 연속적인 에너지 형태로 복사선을 흡수하거나 방출하는 것이 불가능하게 되었다. 어떤 물체든 반드시 불연속적으로 에너지를 잃거나 얻어야 하며, 이 경우 가능한 에너지는 최소에너지 $h\nu$의 정수배만 허용된다. 고전물리학적 시각으론 상상할 수 없는 이러한 양자개념이 플랑크에 의해 탄생했다. 'h'의 탄생과 더불어 불연속적인 물리량으로 기술되는 자연관이 출현했다. 연속과 불연속, 고전물리와

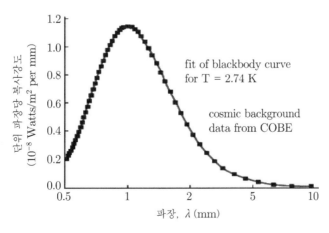

그림 2.6 코베 위성으로부터 얻은 우주배경복사.

양자물리! h의 등장으로 고전물리학과 양자물리학 사이에도 불연속적인 장벽이 생긴 것만 같다. 고전으로 이해할 수 없는 세계와 h로 이해되는 세계! 플랑크의 양자가설은 이렇게 고전으로부터 독립을 선언하였다. 플랑크상수, h가 새로운 물리를 어떻게 이끌어 가는지 그리고 이 h를 누가 어떻게 이용하는지 다음 글들 속에서 하나하나 확인해보도록 하자.

빛의 본질, 이중성(Nature of Light, Duality)

우리는 빛이 있어 물체의 모양도 그 색깔도 볼 수 있다. 하지만 정작 빛의 실제 모습을 본 적은 단 한 번도 없다. 입자인지 파동인지 눈으로 직접 볼 수만 있다면 빛의 실체가 분명하게 드러날 텐데 아직까지도 직접 볼 수 있는 방법은 없다. 그래서 빛이라는 존재가 더욱 매력적으로 느껴지는지도 모르겠다. 이런 매력 때문인지 빛에 대한 연구는 기원전으로까지 거슬러 올라간다. 빛은 어떻게 만들어지는지, 빛은 어떤 매질을 통해 공간 속을 전파해가는지 그리고 빛의 속력은 유한한지 아니면 무한한지 이런 의문들이 기나긴 역사 속에 가득 녹아들어 있었다. 빛의 실체를 찾기 위한 탐구는 인류의 역사와 함께 시작되어 지금까지 이어져오고 있다.

우리는 사물이 있다는 것을 어떻게 알 수 있을까? 당연히 빛이 있기 때문이다. 물체로부터 반사된 빛이 우리 눈의 수정체를 통과하면서 망막에 상을 맺고 다시 시신경을 자극하여 전기신호 형태로 뇌에 전달되는 복잡한 과정을 통해 우리는 물체의 존재를 인식하게 된다. 오래전에는 눈에서 나온 빛이 물체와 부딪친 다음 다시 눈으로 되돌아오기 때문에 물체를 볼 수 있다고 생각했던 때도 있었다. 그럴 경우 낮과 밤에 관계없이 언제나 물체를 볼 수 있어야 하는데 밤에 물체가 보이지 않는 이유를 설명할 수 없었기 때문에 이 주장은 이내 사라졌다. 비록 틀리긴 했지만 인간이 빛을 이해하기 위한 하나의 시도로 볼 수 있을 것 같다. 한편 유클리드(Euclid)는 빛의 속도가 무한대라고 주장하기도 했다. 그림 3.1을 보면 유클리드 나름대로의 이유는 충분해 보인다.

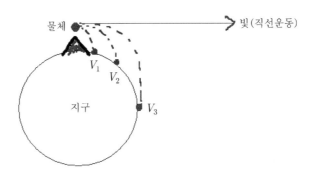

그림 3.1 유한한 물체의 속도와 무한대의 광속.

유클리드는 그림 3.1과 같이 속도가 작은 물체는 포물선운동을 하다가 땅으로 떨어지지만 속도가 점점 커질수록 직선에 가까운 운동을 하며 속도가 무한대가 되면 완전하게 직선운동을 한다고 생각했다. 이런 맥락에서 유클리드는 빛의 직진성이 빛의 속력이 무한대이기 때문에 나타나는 결과라고 주장했다. 이 생각은 17세기 덴마크의 천문학자 뢰머(Olaf Römer)가 목성과 그 위성의 식 현상을 이용하여 빛의 속력이 유한하다는 사실을 증명할 때까지 지속되었다. 자연철학이 시작된 기원전 5~6세기 고대 그리스 시대로부터 중세까지 거의 2천 년 동안 빛에 대한 체계적인 연구는 거의 이루어지지 않았으며, 중세에 접어들어 현미경과 망원경이 발명되면서 빛에 대한 연구가 본격적으로 시작되었다. 이 시기에 빛을 다룬 대표적 인물이 바로 갈릴레오(Galileo)다. 빛이 렌즈를 통해 어떤 경로를 따라 진행하는지 알고 있었기 때문에 갈릴레오는 망원경을 설계 및 제작할 수 있었다. 갈릴레오는 자신이 직접 제작한 망원경을 이용하여 목성을 관측하였으며 그 결과 지금은 갈릴레오 위성으로 잘 알려져 있는 4개의 위성들도 발견하게 되었다. 또한 갈릴레오는 빛의 속도를 측정하기 위한 다양한 실험을 시도했지만 당시의 기술로 측정하기에는 빛의 속력이 너무 빨라 제대로 값을 얻을 수 없었다. 하지만 이 시기에는 렌즈나 거울을 통해 빛이 어떻게 굴절되고 반사되는지를 기하학적으로 설명할 수 있는 기하광학(geometric optics)이 하나의 학문으로 자리 잡으면서 광학은 급속도로 발전하게 되었다. 그러나 빛의 실체에 대해서는 여전히 의문투성이였다.

갈릴레오 이후 빛의 실체를 찾기 위한 본격적인 연구가 시작되었는데 그 중심에 뉴턴과 호이겐스 그리고 영이 있었다. 이들이 제안한 빛의 실체는 바로 입자와 파동이었다. 앞장에서 살펴봤던 입자와 파동을 다시 한번 간단히 정리해보자. 입자는 주어진 공간상의 한 점으로 위치를 정확하게 정의할 수 있으며, 가속시킬 수도 있으며 멈출 수도 있다.

그리고 두 입자는 절대 서로를 뚫고 지나갈 수 없다. 반면에 파동은 넓은 공간에 퍼져 있기 때문에 한 점으로 위치를 정의할 수 없으며 멈출 수도 없고 가속시킬 수도 없다. 파동은 입자와 다르게 서로 정면충돌하더라도 서로를 뚫고 지나갈 수 있으며 충돌 이후 다시 자신의 형태를 유지한 채로 충돌 전과 같은 속력과 방향을 가지고 진행할 수 있다. 이렇듯 입자와 파동은 본질적으로 서로 다른 존재들이다. 뉴턴은 그림자뿐만 아니라 반사와 굴절과 같은 현상들이 모두 빛이 입자이기 때문에 가능한 현상이라고 주장하였다. 그림자는 입자인 빛이 장애물을 뚫고 지나갈 수 없기 때문에 생기는 현상이며(그림 3.2(a)), 물속으로 입사된 빛이 굴절되는 이유는 질량을 가진 빛이 물 표면의 인력에 의해 가속되면서 공기 중에 있을 때보다 속도가 더 증가하기 때문이라고 설명하였다(그림 3.2(c)). 또한 뉴턴은 빛이라는 입자는 질량을 가지고 있기 때문에 그림 3.2(b)와 같이 광원에서 나온 빛은 중력의 영향 때문에 직진하지 못하고 포물선운동을 한다고 주장했다. 마치 공이 운동하는 것과 같다. 그런데 빛의 속력이 너무 크기 때문에 휘는 정도가 너무 작아 관측이 잘 되지 않을 뿐이라고 했다. 지금은 모두가 아는 사실이지만 빛은 질량을 가지고 있지 않을 뿐 아니라 공기보다 굴절률이 큰 물속에서는 속력이 더 느려진다. 뉴턴의 주장이 사실이 아님이 밝혀지긴 했지만 그 당시에는 뉴턴의 주장이 나름대로 과학적 근거를 기초로 수학적으로 증명된 것이었기 때문에 어느 누구도 이러한 주장을 쉽게 반박할 수가 없었다.

어쨌든 그 당시에는 뉴턴의 '입자설'이 여러 광학적 현상들을 설명하는 정설이 되었다. 그러나 입자로는 전혀 설명할 수 없는 현상들이 있었는데 바로 회절과 간섭이다. 뉴턴과 달리 호이겐스(Huygens)는 빛이 마치 물결이나 소리와 같은 파동이라고 주장하여 빛의 진행원리를 설명했다. 그림 3.3은 파원으로부터 파동이 점점 넓은 영역으로 퍼져나가는

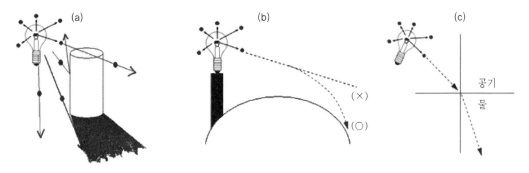

그림 3.2 (a) 빛 알갱이(입자)에 의한 그림자, (b) 포물선운동, (c) 굴절.

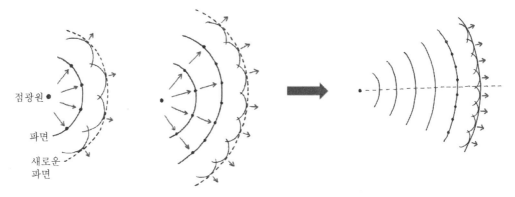

그림 3.3 호이겐스 원리 = 파동의 진행원리.

원리를 보여주고 있다.

호이겐스의 주장에 따르면 빛을 포함한 모든 파동은 그림 3.3과 같은 과정을 통해 멀리 퍼져나갈 수 있다. 그림 3.3을 보면 광원에서 나온 파동들이 첫 번째 파면을 만들면 그 파면상의 모든 점들은 새로운 파동을 만드는 파원이 되어 개개의 파동들을 생성하고 이들이 다시 모여 새로운 파면을 만들고 하는 과정이 반복되면서 파동은 공간 또는 매질 속을 진행해가게 된다. 호이겐스 원리는 파동의 진행원리뿐만 아니라 반사와 굴절도 훌륭하게 설명하였다. 하지만 호이겐스의 파동설은 뉴턴의 권위에 눌려 한동안 빛을 보지 못하다가 영(Young)의 간섭실험이 이루어지고 나서야 다시 부활할 수 있었다. 영은 호이겐스 원리를 이용하여 뉴턴의 입자설로는 전혀 설명할 수 없었던 회절과 간섭현상을 너무나 완벽하게 설명했다. 작은 슬릿을 통과한 빛이 스크린 위에 만드는 밝고 어두운 간섭무늬는 빛을 파동으로 해석할 때만 설명이 가능한 현상이었다. 이와 함께 반사와 굴절현상도 빛의 파동성으로 완벽하게 설명할 수 있었기 때문에 이후 뉴턴의 입자설은 단번에 자취를 감추게 되었다.

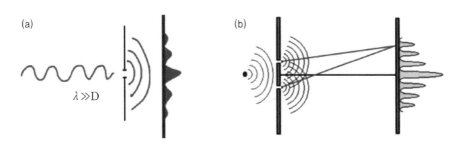

그림 3.4 (a) 단일슬릿, (b) 이중슬릿에 의한 간섭무늬.

그림 3.4는 단일슬릿과 이중슬릿을 통과한 빛이 스크린 위에 밝고 어두운 간섭무늬를 생성하는 과정을 보여주고 있다. 회절이 잘 일어나기 위해서는 슬릿의 틈(D)이 빛의 파장(λ)보다 작거나 거의 같아야만 한다. 이 조건을 만족할 경우 그림 3.4와 같은 결과를 얻을 수 있다. 스크린에 그려진 물결모양의 높낮이는 빛의 밝기를 나타내는데 높을수록 밝다는 것을 의미한다. 이러한 간섭무늬가 바로 빛이 파동이라는 사실을 뒷받침하는 결정적인 증거가 되었다. 결과적으로 빛은 입자에서 파동으로 그 실체가 뒤바뀐 것이다.

수면파나 음파와 같은 일반적인 파동들은 물이나 공기와 같은 매질을 통해 멀리 퍼져나갈 수 있다. 이제 빛도 파동으로 밝혀졌으니 빛이 공간을 통해 멀리 퍼져나가기 위해서는 당연히 매질이 필요하다. 그 매질이 바로 에테르(ether)다. 에테르는 눈에 보이지는 않지만 전 우주 공간에 고루 퍼져 있는 가상의 빛 전달 매질이다. 하지만 19세기 말(1887년) 마이컬슨(Michelson)과 몰리(Morley)의 실험을 통해 에테르의 존재가 부정되면서 또 한 번 빛의 파동설은 시험에 들게 된다. 빛은 분명 파동인데 매질이 없는 공간을 어떻게 전파해갈 수 있을까? 과연 매질을 필요로 하지 않는 파동이 존재할 수 있을까? 매질이 없는 빛을 어떻게 상상할 수 있을까? 이런 의문들은 맥스웰(Maxwell)이라는 슈퍼맨의 등장으로 한순간에 해결되었다. 맥스웰은 고전전자기학의 모든 법칙들을 집대성하여 '맥스웰 방정식(Maxwell equation)'이라는 유명한 이론체계를 완성했는데 맥스웰 방정식은 빛의 수학적인 표현 그 자체였다. 맥스웰 방정식으로부터 빛은 매질이 없는 공간 속을 1초에 지구 일곱 바퀴 반을 돌 수 있는 초속 30만 km라는 속력으로 달려가는 '전자기적 파동(electromagnetic wave)'이라는 것이 밝혀졌다. 빛은 매질을 필요로 하지 않는 파동이 된 것이다. 직관적으로 쉽게 이해할 순 없지만 헤르츠의 실험을 통해 빛이 전자기파와 같은 파동이라는 사실이 완전히 증명되었다. 결국 빛의 실체는 전기장과 자기장이 서로 수직으로 진동하면서 광속으로 공간 속을 전파해가는 전자기적 '파동'으로 밝혀졌다. 이렇게 파동설의 승리로 19세기는 막을 내리게 되었다. 그림 3.5는 진동하는 전기장과 자기장으로 이루어진 전파 또는 빛을 나타낸다. 눈에 보이는 전파를 우리는 가시광선 또는 빛이라고 한다.

20세기의 시작과 더불어 빛은 다시 과학사의 중심에 서게 된다. 플랑크는 빛이 불연속적인 에너지 덩어리, 즉 '에너지양자' 형태로 존재한다고 주장하였으며, 이 새로운 개념은 20세기 현대물리학의 근간이 되었다. 하지만 플랑크의 빛은 에너지가 불연속적이라는 것 외에는 본질적으론 여전히 파동이었다. 그런데 '광전효과(photoelectron effect)'라는

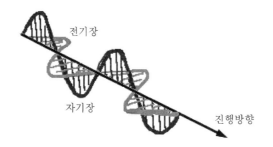

전기장

자기장

진행방향

그림 3.5 빛 = 눈에 보이는 전자기파.

현상이 발견되면서 빛의 본질은 다시 흔들리기 시작했다. 광전효과란 특정 에너지를 가진 빛을 금속 표면에 비추었을 때 그 표면으로부터 전자가 튀어나오는 현상을 말하는데, 이 현상을 빛의 파동성으로 설명하려는 시도들이 많이 있었지만 모두 실패로 끝나버리고 말았다.

1905년은 아인슈타인(Einstein)이 혜성처럼 나타난 해이기도 하다. 이 시기에 그는 특수상대성이론을 발표했을 뿐만 아니라 광전효과를 설명할 수 있는 새로운 개념을 도입하기도 했다. 아인슈타인은 광전효과를 설명하기 위하여 빛은 불연속적인 에너지양자를 가진 '입자'라고 가정하였다. 이 빛의 입자를 '광자 또는 광량자(photon 또는 light quanta)'라고 한다. 아인슈타인은 광전효과를 마치 당구공 2개가 충돌하는 것처럼 광자가 금속표면의 전자와 충돌하면서 일어나는 현상이라고 해석하였다. 결과는 대성공이었다 (그림 3.6(b)). 그 당시 많은 학자들은 여전히 파동인 빛을 이용하여 광전효과를 설명해보려고 애를 썼지만 결국에는 모두 실패하고 말았다. 그림 3.6의 (a)는 실패로 돌아갔고 (b)는 성공하였다. 광전효과는 그렇게 광자-전자 두 입자의 충돌로 완전하게 이해되었다. 빛은 다시 '입자'가 되었다.

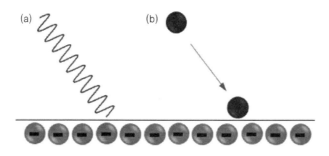

그림 3.6 (a) 파동-입자의 충돌, (b) 입자-입자의 충돌.

이렇듯 19세기 말과 20세기 초는 빛의 시대였다. 파동과 입자는 물리적으로 완전히 다른 대상인데도 불구하고 이제 빛이라는 존재는 파동이기도 하고 입자이기도 하다. 우리의 이성으로는 쉽게 받아들이기 힘든 사실이다. 뭔가 좀 혼란스럽다. 하지만 관측결과가 이러한 사실을 명백하게 뒷받침하기 때문에 우리의 직관에 반하는 결과라도 어쩔 수 없이 받아들여야만 한다. 어떤 또 다른 대안이 나오기 전까지는 말이다. 그럼 파동이기도 입자이기도 한 빛을 우리는 어떻게 받아들여야 할까? 둘 중 하나만 선택해야 하는 것인지 아니면 둘 다 무슨 문제를 가지고 있는 건지 이도 저도 아니면 두 성질이 혼합된 그런 것을 인정해야만 하는 건지 도무지 무엇이 정답인지 혼란스럽기만 하다.

그런데 이 혼란을 잠재울 만한 새로운 실험결과가 발견되었다. '콤프턴효과(Compton effect)'라는 것인데, 에너지가 아주 큰 빛인 X-선과 전자가 충돌할 때 나타나는 효과를 말한다. 콤프턴은 X-선이라는 파동이 전자와 상호작용하는 과정에서 에너지를 잃는 비탄성산란 현상을 최초로 관측하였다. X-선이 전자와 충돌한 뒤 되튀어 나오는 것을 콤프턴산란(Compton scattering)이라고 한다. 파동의 에너지는 한 번 결정되면 절대로 바꿀 수 없다고 했는데 이게 어떻게 된 일인가? 콤프턴산란된 X-선의 에너지가 변했다는 것은 X-선이 파동이 아니라는 뜻인데 그럼 도대체 X-선의 실체는 무엇이란 말인가? X-선을 입자로 해석하면 광전효과처럼 입자-전자의 충돌로 이해할 수 있을 텐데 콤프턴효과에서는 충돌 전후 X-선의 에너지의 변화가 파장변화로 나타난다. 입자는 파장이라는 개념을 절대 가질 수 없기 때문에 X-선을 입자로 해석하기도 난감하다. 따라서 X-선을 순수한 입자로 또는 순수한 파동으로 취급해서는 콤프턴효과를 제대로 설명할 수 없다는 것을 알 수 있다. X-선은 가시광선보다 에너지가 훨씬 큰 일반적인 빛일 뿐인데 지금까지 우리가 알고 있었던 빛과는 뭔가 다른 것 같다. 빛을 가지고 실험을 수행했는데 그 결과가 입자로도 설명이 되지 않고 파동만으로도 설명이 불가능하다. 파동이나 입자 하나의 성질만으론 도저히 설명할 수 없는 그런 현상이다. 결국 콤프턴은 이 현상을 설명하기

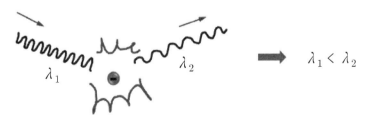

그림 3.7 빛과 전자의 충돌에 의한 콤프턴산란.

위해 빛에 대한 새로운 모형을 제시하였으며, 이 새로운 모형에 기초한 이론으로 실험결과를 너무나도 완벽하게 설명할 수 있었다. 과연 콤프턴이 도입한 새로운 '빛의 모형'이라는 것이 대체 어떤 것일까?

그림 3.7은 콤프턴산란을 그림으로 묘사한 것인데, 전자와 충돌한 후 산란된 빛의 파장이 더 길게 그려져 있는 것을 볼 수 있다. 파동인 빛의 에너지는 플랑크의 양자가설에서 정의한 에너지양자 $h\nu$와 광속 $c = \nu\lambda$로부터 그림 3.8과 같이 나타낼 수 있다.

$$E = h\nu = h\frac{c}{\lambda} \propto \frac{1}{\lambda}$$

그림 3.8 파동과 에너지.

빛을 파동으로 다룰 경우 에너지는 진동수에 비례하고 파장에 반비례하는 것을 알 수 있다. 따라서 충돌 후 파장이 길어졌다는 것은 충돌과정에서 빛이 에너지를 잃었다는 것을 의미한다. 그런데 입자와 달리 한 번 생성된 파동의 에너지는 절대 바꿀 수 없다고 했는데 콤프턴산란에 의해 빛의 에너지가 달라져버렸다. 속도와 에너지를 바꿀 수 있는 대상은 입자뿐인데 그럼 빛이 또 입자란 말인가? 결국 콤프턴은 플랑크의 '에너지양자(파동)'와 아인슈타인의 '광자(입자)' 모두를 포함하는 새로운 빛을 도입하여 이 문제를 해결하게 된다. 즉, 불연속적인 에너지양자($h\nu$)를 가진 파동인 빛이 전자와 충돌할 때는 마치 '입자'처럼 행동하는 것이다. 결국 콤프턴은 두 성질이 합해진 '이중적인 성질을 띤' 빛을 창조한 셈이다. 파동성과 입자성을 동시에 가진 빛의 이러한 특성을 일컬어 '빛은 이중성 (duality)을 가졌다.'라고 한다. 우려하던 일이 터지고야 말았다. 야누스를 깊은 잠에서 깨우고야 말았다. 하나의 물리적 대상이 두 가지 성질을 동시에 가지게 되었다. 빛이 마침내 야누스로 환생하였다. 빛의 이중성! 20세기의 여명과 함께 이중성은 이렇게 탄생하였다.

입자 파동 이중성

그림 3.9 '입자+파동'으로 묘사된 빛 = 이중성을 가진 빛.

빛의 이중성을 어떻게 표현할 수 있을까? 우리의 상상력을 최대한 동원하여 이중성을 가진 기묘한 빛을 한번 표현해보자. 그림 3.9는 빛이 가진 두 가지 성질, 즉 입자와 파동을 단순히 합쳐서 그려본 것이다.

입자처럼 공간상의 아주 좁은 영역에 존재하면서 파동처럼 진동도 하는 두 성질을 모두 포함하도록 묘사한 것이다. 제법 그럴듯해 보인다. 이중성이 제대로 표현된 것 같긴 하지만 빛의 실제 모습은 아니며 이중성이라는 개념을 쉽게 이해하기 위한 하나의 방편일 뿐이다. 이렇게 이중성으로 표현된 대상을 가지고 콤프턴산란을 다시 한번 살펴보자. 그림 3.10을 보면 파장 λ_i를 가진 빛이 전자와 충돌한 후 에너지를 잃고 파장이 λ_f로 길어진 상태로 되튀어 나오는 것을 볼 수 있다.

충돌 전후 파장의 변화는 이중성을 가진 빛이 전자와 충돌하면서 잃은 에너지 때문에 나타나는데 그 결과는 다음과 같이 주어진다. 여기서 m_e는 전자질량, 그리고 θ는 산란각을 나타낸다.

$$\lambda_f - \lambda_i = \Delta\lambda = \frac{h}{m_e c}(1 - \cos\theta)$$

위 식에 주어진 충돌 전후 파장의 변화, $\Delta\lambda$는 콤프턴산란 실험에 의해 완벽하게 증명되었다. 이 결과는 '빛이 이중성을 가진 존재'라는 사실을 명백하게 입증한 최초의 증거라고 할 수 있다. 콤프턴 이전까지 빛은 입자이거나 혹은 파동이었는데, 이제는 두 성질을 동시에 가진 이중적 존재로 그 실체가 밝혀지게 되었다. 현대과학이 발견한 진정한 빛의 실체가 바로 이중성이다. 그런데 그 어떤 실험도 두 가지 성질, 즉 입자와 파동을 동시에 측정한 예는 지금까지 단 한 번도 없다. 측정을 어떻게 하는가에 따라 언제나 하나의 성질만 관측되었기 때문이다. 두 성질을 동시에 측정할 수 없는 이유가

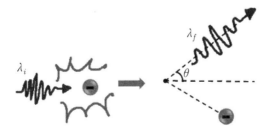

그림 3.10 콤프턴산란 실험.

측정기술의 문제인지 빛의 본질 때문인지 그 원인을 정확하게 밝히기 위해서는 아직도 많은 연구가 수행되어야 하겠지만 어쨌든 빛의 실체는 이중성으로 밝혀졌다. 빛의 실체를 밝힌 공로로 아인슈타인과 콤프턴은 1921년과 1927년에 노벨 물리학상을 각자 수상하게 되었다.

만물의 근원, 원자(Origin of Substance, Atom)

지금까지 빛의 본질에 대한 다양한 결과들을 만나봤다. 한 번은 입자였다가 또 한 번은 파동이 되기도 하고 엎치락뒤치락하다 결국 두 성질을 모두 가진 이중적인 존재로 빛의 본성이 드러났다. 그런데 정작 빛이 만들어지는 원리에 대해서는 전혀 아는 바가 없다. 앞장에서 복사곡선을 다룰 때 고온의 물체에서 빛이 방출된다고 했던 것이 전부다. 실제로 어떤 과정을 거쳐 물체 내부에서 빛이 생성되는지 알기 위해서는 물체 내부에 대한 상세한 정보를 먼저 알아야만 한다. 물체 속을 알 수 있는 가장 단순한 방법은 물체를 잘게 쪼개면 된다. 끝없이 잘게 잘라가다 보면 결국 '원자(atom)'라는 존재를 만나게 된다. 아마 빛은 거기서부터 시작될 것이다. 왜냐하면 원자가 물질을 구성하는 최소단위이기 때문이다. 기체원자들로 이루어진 광원들을 보면 원자가 빛을 만드는 최소 공장이라는 것을 쉽게 이해할 수 있다. 가로등이 바로 그런 광원인데 푸르스름하게 빛나는 수은등이나 붉은 빛깔을 띠는 나트륨등 속에는 수은이나 나트륨과 같은 기체원자들로 가득 채워져 있다. 결국 가로등을 밝히는 불빛의 원천은 방전관 속에 들어 있는 기체원자들이다. 따라서 빛이 어디서 어떻게 만들어지는지를 알기 위해서는 원자를 찾아야만 한다. 원자는 만물의 근원이기도 하지만 빛의 근원이기도 하다. 지금부터 원자를 찾으러 역사기행을 한번 떠나보자.

인류는 오래전부터 만물의 근원이 무엇인지 끊임없이 탐구해왔다. 기원전 약 500년경 이오니아의 철학자 탈레스로부터 출발하여 아낙시만드로스, 에피쿠로스, 플라톤, 아리스

그림 4.1 블랙박스.

토텔레스 등 수많은 철학자들과 그들이 속한 학파들은 세상에 존재하는 모든 물질은 4가지 원소 즉 '물, 흙, 공기, 불'로 이루어져 있다고 생각했다. 그런데 기원전 약 400년경 그리스의 데모크리토스는 '세상에 존재하는 모든 만물은 더 이상 쪼갤 수 없는 원자(atom)라는 존재들로 이루어져 있다.'고 주장했다. 이것이 우리가 알고 있는 원자론의 시초다. 그 이후 약 2000년 동안 원자론에 대한 생각은 아무런 진전도 없이 깊은 잠에 빠져 있었다. 14~16세기 유럽에서의 르네상스와 더불어 17~18세기 과학 혁명기를 거치면서 비로소 원자론에 대한 생각이 되살아나기 시작했다. 정말 만물의 근원은 무엇이란 말인가? 저 블랙박스 속에는 무엇이 들어 있는가? 또 저 블랙박스를 이루고 있는 최소 물질은 도대체 무엇이란 말인가? 산업혁명 이후 과학이 급속도로 발전하면서 이런 물음들에 대한 실질적인 해답을 찾기 위해 많은 과학자들이 연구에 몰두하게 되었다.

누가 만물의 근원에 대해 물어본다면 우리는 단번에 '원자'라고 답할 것이다. 좀 더 구체적으로 설명할 경우에는 원자는 원자핵과 그 주위를 에워싸고 있는 전자들로 구성되어 있다고 자신 있게 얘기할 것이다. 그러나 21세기 현재까지도 우리 인간은 오감이라는 감각기관을 통해 원자를 직접 경험한 적이 없다. 아니 경험할 수가 없다. 인간의 오감으로 직접 확인한 적이 없는 존재를 있다고 하는 것은 왠지 좀 비과학적인 것 같다. 그럼 어떻게 원자가 존재한다고 말할 수 있는가? 우리 인간은 오감의 한계를 벗어난 존재를 이해하기 위해서 '이성'이라는 강력한 도구를 사용하게 되는데 그것은 다름 아닌 합리적인 사고다. 합리적 사고의 근간에는 귀납과 연역이라는 강력한 방법론이 있다. 어쨌든 이러한 방법들을 총동원하여 볼 수도 만질 수도 없는 원자를 발견했는데 과연 어떤 과정을 통해 그 존재가 드러났는지 그 발견의 역사를 따라 베일을 하나씩 벗겨가 보도록 하자.

현대적 개념의 원자는 돌턴(Dalton, 1803)에 의해 시작되었으며 그가 제안한 원자모형은 다음과 같다. 돌턴은 모든 물질은 전기를 띠지 않은 중성의 작은 탄성체 구들로 이루어져

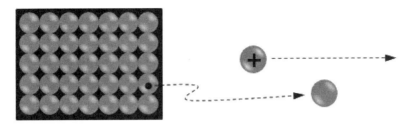

그림 4.2 중성원자들로 가득 찬 물질과 돌턴 원자와 양전기를 띤 입자의 충돌.

있다고 주장했으며, 이런 중성의 탄성체 구를 돌턴은 원자라고 했다. 돌턴이 원자라고 부르는 탄성체 구는 내부에 어떠한 구조도 가지고 있지 않았다. 원자핵이라든가 전자라는 개념은 어디에서도 찾아볼 수가 없다. 그렇기 때문에 돌턴의 원자가 양전기를 띠고 있는 입자 근처에 있더라도 아무런 전기적 힘을 받지 않을 것이다. 그러나 우리가 알고 있는 실제 원자는 양전기를 띠고 있는 원자핵을 가지고 있기 때문에 원자핵 근처에 양전기를 띤 입자가 있으면 당연히 둘 사이에는 아주 큰 전기적 반발력이 생길 것이다. 그림 4.2는 돌턴의 원자들로 가득 채워져 있는 물질과 양전기를 띤 입자로부터 아무런 전기적 힘을 받지 않는 돌턴의 원자를 보여주고 있다.

그런데 톰슨(Thomson)이 1897년에 전자(electron)를 발견하게 되면서 원자구조에 대한 또 한 번의 전기가 마련되었다. 톰슨은 원자로부터 전자가 튀어 나올 수 있다는 획기적인 주장을 하였다. 이 주장의 의미는 원자가 전자를 포함하는 어떤 내부 구조를 가질 수 있다는 것이다. 음전기를 띤 전자가 발견됨으로써 중성의 탄성체 구가 원자라는 돌턴의 주장은 곧바로 사라지게 되었다. 톰슨은 전자를 기초로 새로운 원자모형을 제안했는데 그 모양이 마치 식빵 속에 건포도가 박혀 있는 것과 같아서 '건포도-푸딩 모형(raisin plum pudding model)'이라고도 한다.

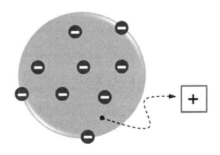

그림 4.3 건포도-푸딩 모형.

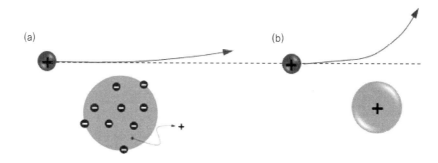

그림 4.4 (a) 건포도-푸딩 모형에서의 충돌, (b) 실제 원자와의 충돌.

톰슨 모형에 따르면 음전기를 띤 전자들은 식빵 속의 건포도처럼 양전기를 띤 탄성체 구 속에 흩어져 박혀 있다. 그림 4.3은 톰슨의 건포도-푸딩 모형을 묘사한 것이다. 우리가 익히 알고 있는 원자구조와는 확연히 다르다는 것을 알 수 있다. 언뜻 보아도 원자핵이나 양성자 같은 존재는 보이지도 않고 전자는 단순히 박혀 있다. 큰 구 전체가 전자가 가진 음전기를 중화시키기 위해 양전기를 띠고 있을 뿐이다. 돌턴의 원자에 비하면 그래도 상당한 수준으로 발전한 것 같긴 하다. 톰슨의 원자모형은 음전기를 띤 전자도 가지고 있고 양성자는 아니지만 양전기를 띤 탄성체 구도 포함하고 있기 때문에 지금 우리가 알고 있는 원자와 구조적으로 다르긴 하지만 그 구성요소만큼은 똑같다는 걸 알 수 있다. 하지만 톰슨의 원자모형이 맞는지 틀리는지 증명할 방법이 없었다. 그런데 톰슨의 뒤를 이어 케임브리지 대학의 캐번디시 연구소 소장이 된 러더퍼드(Rutherford)는 1907년에 방사능 물질로부터 얻은 고에너지 알파입자(He^{2+})를 원자 몇 개 정도의 두께를 가진 아주 얇은 금 박막에 충돌시키는 실험에 착수했다. 그 결과 충돌 후 알파입자의 궤적이 건포도-푸딩 모형에서 예측한 것(그림 4.4(a))보다 훨씬 많이 휜다는 것을 발견하게 되었다(그림 4.4(b)).

이렇게 알파입자가 많이 휘기 위해서는 양전기가 넓은 영역에 고루 퍼져 있어서는 안 되고 아주 좁은 영역에 밀집되어 있을 때만 가능하다. 결국 러더퍼드의 실험결과 앞에 건포도-푸딩 모형은 무릎을 꿇고 말았다. 비록 톰슨의 원자모형이 우리가 알고 있는 실제 원자와 많이 다르긴 하지만 원자 내부에 양전기를 가진 존재와 음전기를 가진 전자가 함께 공존한다는 개념을 최초로 제안했다는 점에서 그 역사적 의의를 찾을 수 있을 것이다. 러더퍼드는 알파입자들이 아주 얇은 금박과 충돌한 후 산란되는 각도를 면밀히 분석하여 1911년에 새로운 모형을 제안하기에 이른다. 그림 4.5는 알파입자 산란실

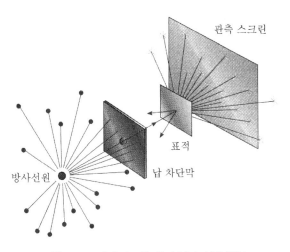

관측 스크린

표적

방사선원

납 차단막

그림 4.5 러더퍼드의 알파입자 산란실험.

험을 위한 장치와 알파입자가 금 박막을 구성하는 원자와 충돌한 후 여러 방향으로 산란되는 궤적을 보여주고 있다.

충돌 후 대부분의 알파입자들은 아주 작은 산란각을 보였기 때문에 톰슨의 원자모형이 설득력을 얻는 듯 보였으나 이 실험을 통해 아주 놀라운 현상이 발견되었다. 약 8,000개 정도의 알파입자를 금박에 충돌시키면 그중에서 하나 정도는 90도 이상의 산란각을 가지고 처음과 반대방향으로 되튕겨 나오는 것이 관측되었다. 이 결과는 양전기가 원자 전체에 고루 퍼져 있는 톰슨 모형으로는 도저히 설명할 수 없는 현상이었다. 따라서 러더퍼드는 이 현상을 설명하기 위하여 원자 질량의 대부분을 차지하며 양전기를 띠고 있는 아주 무거운 '원자핵'이라는 존재를 최초로 도입하게 되었다. 러더퍼드 원자모형의 또 다른 특징으로는 원자의 대부분은 텅 빈 공간이며 그 중심에 아주 작은 원자핵이 존재하고 그 주위로 음전기를 띠고 있는 전자들이 분포하고 있다는 것이다. 러더퍼드는 이러한 원자모형을 기초로 원자핵과 알파입자가 충돌할 때 충돌 후 알파입자들이 어떤 방향으로 산란될 것인지를 예측할 수 있는 이론식을 유도했는데 지금은 러더퍼드의 산란공식으로 잘 알려져 있다. 그림 4.6은 가이거(Geiger)와 마러스덴(Marsden)이 알파선 산란실험을 통해 얻은 결과로 산란각에 따른 알파입자의 수를 보여주고 있다. 러더퍼드의 산란공식으로 계산한 이론곡선과 실험결과가 정확하게 일치하는 것을 볼 수 있다.

그래프를 보면 90도 이상의 산란각으로 '후방산란(back scattering)'되는 알파입자들의 수를 확인할 수 있다. 이론적으로 예상한 결과와 실험결과가 너무나도 완벽하게 일치했기

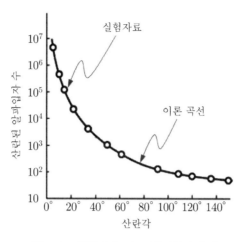

그림 4.6 산란각에 따른 알파입자의 수.

때문에 러더퍼드의 원자모형은 아주 견고한 반석 위에 자리 잡게 되었다. 러더퍼드 원자모형의 기본 골격은 갖춰진 셈이다. 그러나 아직 전자의 위치가 명확하게 정해지지 않았다. 만약 전자들이 원자핵 주위를 무작위로 돌아다닐 경우에는 음전기를 띠고 있는 전자들은 양전기를 띠고 원자핵의 전기적 인력 때문에 모두 원자핵 쪽으로 끌려와 결국 충돌하게 될 것이다. 따라서 원자핵과 전자가 일정한 거리를 유지하면서 안정한 구조로 존재하기 위해서는 마치 달이나 인공위성이 지구에 떨어지지 않기 위해 끊임없이 지구 주위를 빠른 속도로 공전하는 것처럼 전자도 원자핵 주위를 아주 빠르게 공전해야 할 것이다. 러더퍼드는 결국 전자의 공전을 도입하여 원자모형을 완성하는데 그 구조가 마치 작은 태양계와 같았다. 태양 주위를 행성들이 공전하는 것처럼 원자핵과 전자도 같은 구조를 하고 있어 러더퍼드가 제안한 원자모형을 '태양계 모형(solar system model)'이라고 한다. 그림 4.7을 보면 태양계 구조와 러더퍼드 원자모형이 마치 쌍둥이처럼 꼭 닮아

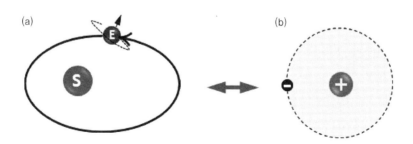

그림 4.7 (a) 태양계 구조, (b) 러더퍼드 원자모형.

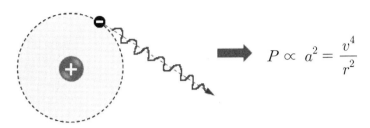

$$P \propto a^2 = \frac{v^4}{r^2}$$

그림 4.8 가속 운동하는 전자의 복사선 방출과 복사능률.

있다는 것을 알 수 있다.

이것이 인류역사 이래로 그렇게 찾고자 했던 만물의 근원, 즉 앞서 얘기했던 그 블랙박스의 참모습이다. 데모크리토스의 원자가 러더퍼드에 의해 그 베일을 벗게 되었다. 미시세계와 거시세계가 서로 참 닮아 있다는 생각이 든다. 마치 프랙탈(fractal) 구조를 연상시키는 것 같다. 전체와 부분이 서로 유사한 구조를 가지는, 즉 자기유사성(self-similarity)을 바탕으로 기본구조가 끊임없이 반복되는 그런 구조, 태양계와 원자구조가 꼭 그렇다.

여기까진 순조롭게 온 것 같다. 그런데 고전 전자기이론에 따르면 전하를 가진 입자가 가속 운동하게 되면 전자기파 형태로 에너지를 방출하게 된다. 전하를 가진 입자가 반지름 r인 궤도를 따라 가속도 a로 운동할 경우 방출하는 복사선의 에너지는 가속도의 제곱에 비례한다. 속도 v로 원운동하는 입자의 구심가속도가 $a = v^2/r$로 주어지기 때문에 전하를 가진 입자가 매 순간 방출하는 복사능률(radiation power) P는 다음과 같이 주어진다. 복사능률은 단위시간 단위면적당 방출되는 빛의 세기를 나타내는 물리량이다.

그림 4.8과 같이 전자가 원자핵 주위를 공전하면서 매 순간 복사선을 방출하게 되면 전자가 가진 에너지도 점점 줄어들게 될 것이다. 운동에너지는 속도의 제곱에 비례하는데 복사선 형태로 에너지를 잃을 때마다 전자의 속도는 제곱으로 줄어들게 되고 점점 속도가 감소하면서 원자핵 쪽으로 끌려 들어갈 것이다.

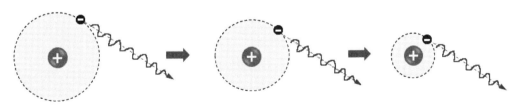

그림 4.9 전자의 공전속도와 반지름.

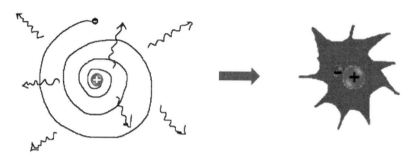

그림 4.10 복사선을 방출하면서 원자가 붕괴되는 과정.

결국 에너지를 모두 잃은 전자는 그림 4.10과 같이 원자핵과 충돌하면서 최후를 맞이하게 된다. 정말 어처구니없는 시나리오다. 이론적 예측과 실험결과를 모두 만족하는 원자모형의 최후가 이렇듯 허망하게 막을 내릴 수밖에 없는가? 도대체 무엇이 잘못된 걸까? 또 무엇이 더 필요한가?

이러한 원자붕괴 문제는 러더퍼드 원자모형이 가진 치명적인 결함이었다. 따라서 전자의 복사선 방출 문제를 해결하지 않고는 러더퍼드 원자모형은 버려져야만 한다. 그런데 전자가 원자핵과 충돌하지 않기 위해서는 반드시 원운동을 해야만 한다. 그럼 전자는 또 다시 복사선을 방출하게 되고 원자핵과의 충돌을 피할 수 없게 된다. 딜레마다! 이 모순을 어떻게 극복해야 될까? 러더퍼드는 이 문제를 결국 해결하지 못했다. 태양계 구조의 원자모형은 역사의 뒤안길로 쓸쓸히 사라져갔다. 어떻게 하면 '전자의 복사선 방출' 문제를 해결할 수 있을까? 러더퍼드 원자모형은 다시 부활할 수 있을까? 우리는 이미 해답을 알고 있다. 부활은 하지만 완전히 다른 모습으로 역사의 정면에 나타날 텐데 어떤 모습일지 정말 궁금하다. 아직도 하늘, 땅, 별, 바람 그리고 우리들이 살아 있다. 원자가 붕괴되지 않았기 때문이다.

CHAPTER 05

보어와 원자의 부활(Bohr and Revival of Atom)

햇빛이 프리즘을 통과하면 그림 5.1과 같이 여러 가지 색으로 분산되는 걸 볼 수 있는데 이런 형태의 스펙트럼을 연속스펙트럼이라고 한다. 그럼 수은등이나 네온등에서 나오는 빛을 프리즘에 통과시키면 어떤 스펙트럼을 얻을 수 있을까? 그림 5.1과 똑같은 스펙트럼일까? 색의 구성만 다를 뿐 여전히 연속스펙트럼일까? 결과는 '아니다'이다.

수은등이나 네온등과 같은 기체방전관에서 나오는 빛의 스펙트럼을 조사해보면 그림 5.2와 같이 여러 색의 띠들이 띄엄띄엄 떨어져서 배열하고 있는 모양을 하고 있는데, 이런 형태의 스펙트럼을 선스펙트럼이라고 하며 원소마다 고유한 형태의 선스펙트럼을 가지고 있다. 그렇기 때문에 선스펙트럼이 마치 원소들의 지문과도 같아서 미지의 원소를 알아내는 데 유용하게 이용될 수 있다. 이런 맥락에서 분광학(spectroscopy)이라는 분야가 발전하게 되는데 스펙트럼의 모양을 이용하여 다양한 과학적 정보를 얻어내는 분석법을

그림 5.1 햇빛의 연속스펙트럼.

그림 5.2 단일원소의 선스펙트럼.

그림 5.3 흡수스펙트럼.

분광학이라고 한다.

1666년 뉴턴이 프리즘을 이용하여 스펙트럼을 얻는 방법을 발견한 후 1800년경에 접어들면서 분광학이 급속도로 발전하게 된다. 윌리엄 허셜(Herschel)은 스펙트럼의 색과 온도 사이의 연관성을 조사하던 중 적외선을 발견했으며 연이어 리터(Ritter)는 자외선을 발견하게 된다. 1814년 프라운호퍼(Fraunhofer)는 햇빛의 연속스펙트럼 속에서 수백 개의 검은색 띠들을 발견했는데, 이 선들 중의 대부분은 지금도 '프라운호퍼선'이라고 부른다. 이렇게 검은색 띠들로 이루어진 스펙트럼을 흡수스펙트럼이라고 하는데, 이들 흡수선들이 특정 원소와 관련되어 있다는 사실은 20세기에 들어와서야 밝혀졌다. 그림 5.3은 연속스펙트럼 사이에 검은색 띠들이 포함되어 있는 흡수스펙트럼을 나타낸다.

1850년경에는 키르히호프(Kirchhoff)와 분젠(Bunsen)에 의해 원소 고유의 선스펙트럼에 대한 연구가 활발히 진행되었는데 이 과정에서 세슘과 루비듐이 발견되기도 했다. 스펙트럼을 이용하여 빛의 색과 물질과의 관계 그리고 빛의 색과 열과의 관계 등을 이해하려는 분광학이 1800년대 말까지 꾸준히 발전해오긴 했지만 정작 물질 내부에서 어떤 일들이 일어나 빛이 생성되는지에 대해서는 전혀 아는 바가 없었다. 분광학은 어떤 원소들로부터 어떤 색의 빛들이 나오는지는 잘 설명해주었지만 원소 내부구조에 대해선 아무런 정보도 제공해주질 못했다. 당시 원자구조에 대한 지식이 전혀 없었기 때문에 원소 내부에서 실제로 어떤 과정을 거쳐 빛이 생성되는지 분광학만으론 별다른 성과를 얻을 수 없었다. 결국 이 문제는 원자의 존재와 그 구조가 밝혀질 때까지 수수께끼로 남을 수밖에 없었다.

이전 글에서 다뤘던 러더퍼드 원자모형을 다시 한번 떠올려보자. 원자는 원자핵과 주위를 에워싸고 있는 전자들로 구성되어 있으며 원자질량의 대부분을 차지하는 원자핵은 아주 작은 부피에 밀집되어 있고 양전기를 띠고 있으며 주위의 전자들은 음전기를 띠고 있다. 러더퍼드가 제안한 태양계 모형의 원자구조에서는 전자가 원자핵 쪽으로 떨어지지 않기 위해서는 반드시 원운동을 해야만 한다. 하지만 고전 전자기이론에 따라 원자핵 주위를 가속 운동하는 전자는 가속도의 제곱에 비례하는 에너지를 복사선 형태로 방출하게 되어 있다. 복사선을 연속적으로 방출하면서 전자는 점점 에너지를 잃게 되고 결국 전자는

그림 5.4 러더퍼드 원자모형과 예상되는 연속스펙트럼.

그림 5.4와 같이 원자핵과 충돌하면서 원자구조는 완전히 붕괴되고 만다. 이 경우 충돌 전까지 전자가 방출한 빛은 어떤 형태의 스펙트럼으로 관측될까? 연속스펙트럼, 선스펙트럼 아니면 흡수스펙트럼? 전자의 궤도반지름이 연속적으로 줄어들기 때문에 복사선들에 의한 스펙트럼은 당연히 연속스펙트럼일 것이라고 예상할 수 있다. 그림 5.4의 스펙트럼이 러더퍼드의 원자모형으로부터 예상할 수 있는 복사선 스펙트럼이다. 이것은 어디까지나 가상의 시나리오다. 하지만 실제 수소기체로부터 얻은 스펙트럼은 연속이 아닌 선스펙트럼이었다. 그림 5.5가 바로 수소기체로부터 얻은 스펙트럼을 나타낸다.

러더퍼드의 원자모형으로는 스펙트럼뿐만 아니라 원자구조의 안정성까지 어느 것 하나 제대로 설명할 수 있는 것이 없었다. 하지만 원자구조와 무관하게 수소기체로부터 얻은 스펙트럼선들에 대한 연구는 상당한 진척을 보였는데, 특히 주목할 점은 선스펙트럼의 파장을 정확하게 예측할 수 있는 실험식을 얻을 수 있었다는 것이다. 발머에 의해 처음 발견된 이 실험식은 1890년에 리드버그(Rydberg)에 의해 일반화된 공식으로 구체화되었다. 아래 식에서 λ_f는 복사선의 파장을 그리고 R_H는 리드버그상수를 나타낸다. n_i, n_f는 스펙트럼 계열들 사이에 할당된 수이다.

$$\frac{1}{\lambda_f} = R_H\left(\frac{1}{n_f^2} - \frac{1}{n_i^2}\right), \quad n_i = 1, 2, 3 \cdots (n_i > n_f)$$

Hydrogen Emission Spectrum

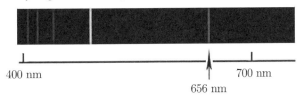

400 nm   656 nm   700 nm

그림 5.5 수소기체로부터 얻은 선스펙트럼.

선스펙트럼을 구성하고 있는 선들이 공간적으로 점점 더 가까워져 그룹을 형성하게 되는데 이것을 계열(series)이라고 한다. 수소기체로부터 얻은 선스펙트럼은 파장 영여에 따라 발머(Balmer) 계열(가시광선, $n_f = 2$), 리만(Lyman) 계열(자외선, $n_f = 1$), 그리고 파셴(Paschen) 계열(적외선, $n_f = 3n' = 3$) 등으로 구분할 수 있다. 이와 같이 스펙트럼 계열들 사이의 규칙성은 수소원자 내부에 어떤 특별한 구조가 있음을 암시한다고 생각할 수 있다. 일종의 에너지 다이어그램과 같은 것이 원자 내부에 있어서 그 결과가 스펙트럼 계열들 사이의 규칙성으로 발현되는 것이 아닌가 하고 상상해볼 수 있을 것 같다. 이 문제는 19세기 말에 남겨진 물리학의 마지막 수수께끼로 원자구조가 밝혀질 때까지 미궁에 빠져 있었는데 보어(Bohr)라는 천재 물리학자가 혁명적 아이디어를 제안하면서 그 해결의 실마리가 보이기 시작했다.

보어는 덴마크 태생의 물리학자로 그의 박사학위 논문은 금속의 전자이론에 관한 것이었는데 우연한 기회에 러더퍼드의 실험실을 방문하면서 러더퍼드 원자모형이 안고 있는 '전자의 불안정성'에 대한 강한 호기심을 갖게 되었다. 이내 보어는 자신도 반신반의할 정도의 너무나 파격적인 해결책을 제안하게 되는데, 이 방법으로 수소원자의 스펙트럼 구조를 이론적으로 완벽하게 이해할 수 있게 되었다. 1913년 보어는 이 결과를 논문으로 발표하게 되는데 바로 '보어의 수소원자 모형'이다. 보어가 제안한 해결책은 '보어가설(Bohr's postulates)'로 잘 알려져 있는데 과연 어떤 가설로 수소원자 스펙트럼을 해결할 수 있었는지 한번 살펴보자. 보어는 러더퍼드 원자모형을 기본 틀로 하여 자신의 가설을 이 틀 속에 적용하였다. 보어가 제안한 가설에 따르면 '전자들은 핵 주위의 아무 공간에서나 존재할 수 있는 게 아니라 어떤 정해진 반지름과 속도만이 허용되는 불연속적인 궤도에만 존재할 수 있는데 이렇게 정해진 궤도에 있을 때만 복사선을 방출하지 않고 안정한 상태에 머무를 수 있다.'는 것이다. 이와 같이 전자들이 복사선을 방출하지 않고 안정한 상태로 머무를 수 있는 궤도를 '정상상태(stationary state)'라고 정의했다. 이 '정상상태'가 바로 보어가 도입한 혁명적인 개념으로 과학사의 일대 혁신을 불러일으키기에 충분한 것이었다. 이 새로운 개념은 고전물리학에는 존재하지 않는 것으로 그 어떤 것들로부터도 유도되거나 설명될 수 있는 그런 것이 아니었다. 순전히 보어의 종합적이고 천재적인 직관력의 산물이었다. 보어는 한발 더 나아가 정상상태 개념을 이용하여 원자가 어떠한 방식으로 빛을 흡수하고 방출하는지도 설명하였다. 보어는 전자가 두 정상상태 사이를 이동할 때만 빛을 흡수할 수도 그리고 방출할 수도 있다는 가설도 제안했다. 이 경우 정상상

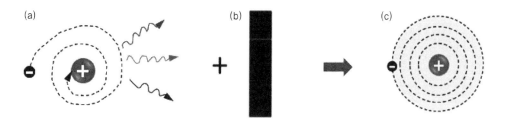

그림 5.6 러더퍼드 원자(a) + 수소의 선스펙트럼(b) = 보어 원자(c).

태 사이를 이동하는 과정을 '천이(transition) 또는 도약(jump 또는 leap)'이라고 한다.

그림 5.6은 러더퍼드의 불안정한 원자모형(그림 5.6(a))과 수소원자의 선스펙트럼(그림 5.6(b))을 동시에 해결할 수 있도록 정상상태라고 하는 불연속적인 궤도를 도입하여 새롭게 구성한 보어의 원자모형을 보여주고 있다(그림 5.6(c)). 그러나 정상상태를 기초로 만들어진 이 원자모형은 글자 그대로 가설일 뿐이다. 가설이란 실험에 의해서만 증명될 수 있는 이론적 근거가 없는 추측을 말한다. 따라서 보어가설이 옳다는 것을 주장하기 위해서는 당연히 실험적 증거가 뒷받침되어야만 한다.

보어가설을 좀 더 구체적으로 살펴보자. 보어는 전자의 정상상태를 정의하기 위하여 플랑크가 도입한 'h'를 이용하여 전자가 가질 수 있는 각운동량을 제한하였다. 운동량 p는 '질량×속도=mv'로 정의되는 물리량이며 각운동량은 회전하는 물체가 가지게 되는 운동량으로 회전은 반지름에 따라 달라지기 때문에 각운동량 L은 '질량 × 속도 × 반지름 =mvr'로 정의된다. 보어가설에 따르면 원자핵 주위를 공전하는 전자는 '$h/2\pi$'의 정수배에 해당하는 크기의 각운동량만 가질 수 있으며, 이 조건을 만족하는 제한된 궤도에서만 전자는 안정한 상태를 유지할 수 있게 된다. 결국 전자는 띄엄띄엄 떨어져 있는 불연속적인 궤도에만 존재할 수 있기 때문에 전자의 궤도는 그림 5.6(c)의 점선과 같이 나타낼 수 있다. 질량 m인 전자가 속도 v로 반지름 r인 궤도를 따라 원운동할 경우 전자의 각운동량 L은 mvr로 주어진다. 보어가설에 따라 전자가 가질 수 있는 각운동량은 다음과 같이 정의된다. 이것이 보어가 제안한 첫 번째 가설이다.

$$mvr_n = n\left(\frac{h}{2\pi}\right), \quad n = 1, 2, 3, 4 \cdots$$

여기서 r_n은 n번째 궤도의 반지름을 나타내며, n은 양의 정수 값만 가질 수 있고 n이 허용되는 상태를 정상상태라고 한다. 보어의 두 번째 가설은 전자가 어떻게 빛을

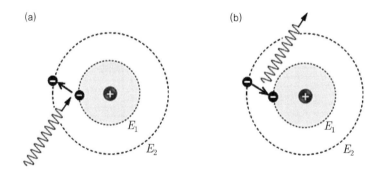

그림 5.7 (a) 에너지양자, $h\nu$의 흡수, (b) 방출.

흡수 또는 방출하는지 그 원리와 관련된 것이다. 이 가설에 따르면 전자가 한 정상상태에서 또 다른 정상상태로 뛰어 오르거나 떨어질 때 빛을 흡수 또는 방출하게 되는데 이때 흡수/방출되는 빛의 에너지는 두 정상상태 사이의 에너지 차이와 같다. 이 과정에서 빛은 플랑크가 제안한 '$h\nu$'라는 에너지양자 형태로 흡수 또는 방출된다. 그림 5.7은 에너지가 각각 E_1, E_2인 두 정상상태 사이의 천이과정을 나타낸다.

이 경우 E_1, E_2 사이를 천이할 때 흡수 또는 방출되는 빛 에너지는 다음과 같이 주어진다.

$$h\nu = |E_1 - E_2|$$

따라서 두 정상상태 사이의 에너지 차에 해당하는 에너지 $h\nu$를 흡수하면서 낮은 상태에서 높은 상태로 뛰어오를 수 있으며 높은 에너지상태에서 낮은 에너지상태로 떨어질 때는 역시 에너지가 $h\nu$인 빛을 방출하게 된다. 이렇게 두 정상상태 사이를 천이하는 과정을 '양자점프(quantum jump)'라고도 한다. 보어가설을 기초로 새롭게 구성된 원자모형으로 수소 스펙트럼을 정확하게 설명할 수 있었으며 또한 스펙트럼선들 사이의 규칙성을 해석한 발머의 실험식과 리드버그상수도 역시 보어가설에 따라 이론적으로 유도될 수 있었다. 결국 보어는 '정상상태'라고 하는 혁명적인 개념을 도입하여 러더퍼드 원자의 붕괴문제를 해결하였으며, 동시에 두 정상상태 사이의 '양자도약'이라는 기상천외한 아이디어로 원자내부에서 빛이 어떻게 흡수되고 방출되는지 그 근본원리를 명확하게 밝힐 수 있었다.

한때 역사 속으로 사라질 뻔했던 러더퍼드의 태양계 구조 원자모형은 보어라는 천재를 만나면서 다시 역사의 중심에 서게 됐다. 그림 5.8을 보면 러더퍼드와 보어의 합작품을 한눈에 느낄 수 있을 것이다. 태양계 구조와 정상상태! 원자를 묘사할 때 가장 많이

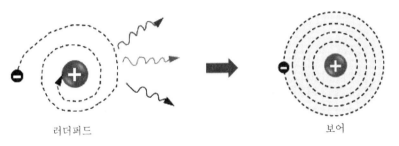

그림 5.8 러더퍼드와 보어의 원자모형.

사용하고 있는 그림이 바로 태양계 모형과 정상상태의 결합으로 얻어진 산물이다. 보어가 제안한 개념은 물리학 전체를 뒤흔들 만큼 가히 혁명적이었다. 왜냐하면 고전물리학에는 존재하지 않는 완전히 새로운 개념들이었기 때문이다. 보어 자신도 이 이론이 너무나 파격적인 개념들을 포함하고 있어서 이성적으로 받아들이기까지 상당히 힘들어 했다. 게다가 가설을 제안한 보어 자신도 왜 정상상태에서는 빛을 방출하지 않고 안정한 상태를 유지할 수 있는지 그리고 전자들은 왜 한 상태에서 다른 한 상태로 천이하는지 등 이런 본질적인 의문들에 대해서는 아무런 과학적 근거나 원리를 제시하지 못했다. 그렇지만 보어는 수소 스펙트럼 문제를 멋지게 해결했을 뿐만 아니라 원자의 안정성도 확보했다. 보어 이야기의 중심에는 정상상태라는 불연속성이 내포되어 있다. 플랑크에 이어 보어도 자연의 한 속성에 불연속성을 부여하였다. 자연은 더 이상 연속적이지 않은가 아니면 자연은 불연속적인 속성을 더 좋아하는가?

고전과 양자의 만남(Encounter of Classical and Quantum Physics)

수소원자의 스펙트럼 문제와 러더퍼드 원자의 불안정성이 모두 해결되었다. 보어의 기발한 아이디어로 이 문제들이 단번에 해소되었다. 고전물리학에는 존재하지 않는 새로운 개념들, 즉 전자궤도에 대한 '정상상태'와 궤도들 사이의 '양자도약'을 도입하여 이러한 문제들을 완전하게 해결하였다. 그런데 이 개념들을 고전물리학으론 전혀 설명할 수 없다는 것이다. 이것은 보어가 도입한 새로운 개념들이 아무런 과학적 근거를 가지지 않는다는 것을 의미하며 한편으론 마치 문제를 풀기 위해 끼워 맞추기식으로 이 개념들을 도입한 것과 같은 인상을 받기도 한다. 이런 의구심을 단번에 날려버릴 수 있는 한 가지 방법은 기존의 과학적 원리나 법칙들과의 연속성을 확보하는 것이다. 그래서 보어는 이 새로운 개념들이 고전물리학의 연장선상에서 설명이 가능하다는 것을 증명해 보이기 위해 '대응원리(correspondence principle)'를 제안하게 된다.

거시세계를 다루는 고전물리학과 원자수준의 미시세계를 다루는 양자물리학은 서로 어떤 관계가 있을까? 플랑크가 도입한 에너지양자 '$h\nu$'는 아인슈타인이 광전효과를 설명할 때도 그리고 보어가 정상상태와 전자의 에너지를 정의할 때도 계속 사용되어왔다. 이제 미시세계는 불연속적인 양자개념을 사용하지 않고는 더 이상 이해할 수 없는 지경에 이르렀다. 하지만 거시세계의 현상들을 거의 완벽하게 기술하는 고전물리학체계 속에는 '양자'라는 개념을 그 어디에서도 찾아볼 수 없다. 왜 그럴까? 연속적 속성을 지닌 거시세계와 불연속적 속성을 지닌 미시세계는 완전히 다른 세계일까? 아니면 두 극단의 세계 사이에 우리가 모르는 어떤 연결고리가 존재하는 걸까? 세상은 하나의 과학적 원리로 설명되어야 할 것 같은데 상황이 바뀔 때마다 매번 다른 과학체계를 필요로 한다면 그것은 과학이라 할 수 없을 것이다. 그렇기 때문에 거시세계와 미시세계를 다루는 두 과학체계 사이에는 분명 어떤 연결고리가 존재해야만 한다. 두 세계에서 다루고 있는 물리량들을 한번 살펴보자. 양자개념을 제외한 위치, 운동량, 에너지, 진동수, 파장 등 모든 물리량들이 두 세계에 공통적으로 사용되고 있다. 이처럼 이미 두 체계 사이에는 아주 밀접한 연관성이 있다는 것을 알 수 있다. 이런 맥락에서 미시세계에 국한되어 있는 양자개념도 거시세계의 어떤 물리량에 대응될 수 있을 것이라고 예상해 볼 수 있다. 이러한 기대감을 가지고 보어는 '양자가설'에 대한 과학적 근거를 고전물리학체계 속에서 찾으려고 했었다. 그 당시 자연을 이해할 수 있는 가장 강력한 도구가 고전물리학이었기 때문이다. 결국 보어는 고전물리학의 권위에 도움을 요청하게 된다. 상대성이론의 경우에도 속력이 아주 작은 극한에서는 상대성이론의 결과가 고전물리학의 결과와 같아지는데 이처럼 서로 다른 두 이론체계 사이의 이러한 연속성은 상대성이론의 신뢰도를 한층 높이는 계기가 되었다. 보어가 제안한 대응원리도 같은 의미를 담고 있는데 미시세계를 기술하는 양자물리학의 결과가 거시세계로의 극한상황에서는 고전물리학적 결과로 귀결될 것이라는 것이다. 그림 6.1을 보면 거시세계의 물질이 원자들로 구성되어 있는 걸 볼 수 있는데 이것만 봐도 미시세계와 거시세계가 서로 별개가 아닌 아주 밀접하게 연관되어 있는 세계라는 것을 쉽게 이해할 수 있다.

먼저 상대성이론과 고전물리학 사이에 숨어 있는 대응원리를 한번 살펴보자. 상대성이론은 물체가 거의 빛의 속력으로 운동할 때 겪게 되는 물리현상들을 설명하는 이론체계다. 상대성이론에 따르면 시간과 공간을 포함한 모든 물리적 현상들이 관측자의 운동상태에

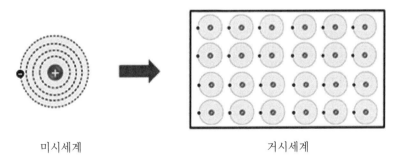

미시세계   거시세계

그림 6.1 원자와 물질.

의존하게 된다. 상대성이론으로 예측되는 신기한 현상들은 이미 실험을 통해 모두 증명되었다. 한편 빛보다 아주 느리게 운동하는 물리계의 현상들은 고전물리학으로 거의 완벽하게 이해할 수 있으며 우리의 감각기관을 통해 인식할 수 있는 대다수 현상들이 여기에 속한다. 고전물리학에서는 관측자가 어떤 상태에 있든 시간과 공간은 절대적이어서 걸어가는 사람이나 비행기를 타고 가는 사람이나 지구에 있는 사람이나 저 먼 우주 끝에 있는 사람이나 모두 같은 시간과 공간(시공간)의 척도를 가지게 된다. 이렇게 관측자의 상태와 무관하게 존재하는 시간과 공간을 절대공간과 절대시간이라 하는데 이와 같은 시공간을 기초로 자연현상을 기술하는 고전물리학은 상대성이론에서 예측하는 결과들, 즉 시간지연효과라든지 길이수축 그리고 질량-에너지 등가원리와 같은 현상들을 전혀 설명하지 못한다. 또한 고전물리학은 질량을 가진 물체들이 가질 수 있는 속력의 한계가 광속이라는 사실도 전혀 설명하지 못한다. 그렇다고 고전물리학을 버릴 수는 없다. 고전물리학은 오랜 세월을 거치면서 다양한 실험과 경험을 통해 증명되어온 과학체계이다. 단지 예외적으로 광속으로 빠르게 운동할 때 나타나는 현상들이나 원자 크기 정도의 미시세계에서 일어나는 현상들을 제대로 설명하지 못하는 한계를 가진 것은 분명하다. 고전물리학은 빛의 속력에 비해 아주 느린 극한의 물리계에서만 제대로 작동하는 이론체계인 반면 상대성이론은 속도가 크든 작든 관계없이 모든 현상들을 설명할 수 있는 포괄적인 이론이다. 양자물리학과 고전물리학 역시 상대성이론과 고전물리학 관계처럼 서로 다른 양 극한에서만 유용한 그런 이론체계다. 양자물리학과 고전물리학 사이의 대응관계를 살펴보기 전에 익히 잘 알려져 있는 상대성이론과 고전물리학 사이의 대응원리를 우선 살펴보도록 하자.

상대성이론의 결과를 광속에 비해 아주 느린 극한상황에 한번 적용시켜보자. 질량 m_0인 물체가 속도 v로 운동할 때 이 물체의 상대론적 운동에너지(kinetic energy, K.E.)는 다음과 같이 주어진다.

$$\text{K.E.} = \left[\frac{1}{\sqrt{1 - \left(\frac{v}{c}\right)^2}} - 1 \right] m_0 C^2$$

여기서 c는 빛의 속력을 나타내며, m_0는 물체가 정지하고 있을 때의 질량(정지질량)을 나타낸다. v가 c에 비해 아주 작은 극한에서 괄호 안에 있는 식은 다음과 같이 무한급수 형태로 전개할 수 있다. 여기서 $(1-x)^{-1/2}$에 대한 테일러급수(Taylor series) 전개를 이용하였다.

$$\text{K.E.} = \left[\left(1 + \frac{1}{2}\frac{v^2}{c^2} + \frac{3}{8}\frac{v^4}{c^4} + \cdots \right) - 1 \right] m_0 C^2$$

$v \ll c$인 극한에서 괄호 안의 세 번째 항 이상은 너무 작은 값이기 때문에 $v^4/c^4 \sim 0$로 근사를 취한 후 위 결과를 다시 정리해보면 다음과 같이 간단히 나타낼 수 있다.

$$\text{K.E.} \simeq \frac{1}{2}m_0 v^2$$

이 식은 우리가 이미 잘 알고 있는 운동에너지의 고전물리학 버전이다. 결국 물체의 속도가 아주 작은 극한에서는 상대성이론의 결과와 고전물리학의 결과가 같아진다는 것을 알 수 있다. 이와 같이 특정조건이나 극한상황에서 서로 다른 두 이론의 결과가 같아지는 것을 '대응원리'라고 하며, 새로운 이론체계가 어떤 극한조건에서 기존의 이론체계로 환원될 수 있다는 사실을 통해 새 이론의 과학적 근거가 마련되는 동시에 기존의 이론까지도 대체할 수 있게 된다. 이런 과정을 거치면서 과학은 발전하게 된다.

이제 미시세계를 기술하는 보어의 양자이론과 고전물리학 사이의 대응원리를 한번 조사해보자. 보어가 제안한 양자이론을 수소원자에 적용하여 얻은 전자의 에너지는 다음과 같다.

$$E_n = -\frac{13.6\,\text{eV}}{n^2}$$

여기서 n은 정상상태의 궤도에 할당된 양자수로 $n = 1, 2, 3 \cdots$인 값들만 가질 수 있으며 이때 n을 '주양자수(principal quantum number)'라고 부른다. 따라서 전자의 에너지는 n에 따라 결정되며 $n = 1$일 때의 최소에너지의 정수배에 해당하는 불연속적인 에너지만 가질 수 있다. 전자의 에너지처럼 어떤 물리량이 최소단위물리량의 정수배에 해당하는 값만 가질 수 있도록 제한하는 것을 우리는 '양자화(量子化, quantization)시켰다.'고 한다. 따라서 전자의 에너지도 '양자화되었다.'라고 한다. 보어이론에 따르면 전자가 두 정상상태 사이를 이동할 때 빛이 방출되는데 이때 빛의 에너지는 두 정상상태의 에너지 차와 같다. 그림 6.2는 수소원자의 전자 천이과정을 보여주는데 오른쪽에 보이는 관계식은 천이과정에서 방출된 빛의 에너지를 나타낸다.

두 정상상태의 에너지는 $E_i > E_f$, 그리고 주양자수는 $n_i > n_f$이다. 그리고 h와 ν는

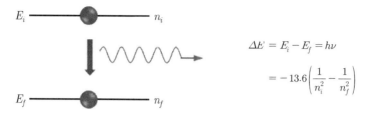

그림 6.2 전자 천이과정과 빛의 에너지.

각각 플랑크상수와 방출된 빛의 진동수를 나타낸다. 또한 n는 정상상태에 있는 전자의 궤도에 할당된 양자수로 값이 클수록 전자가 원자핵에서 멀리 떨어져 있다는 것을 의미한다. n이 점점 커지면 전자의 궤도반지름도 점점 커지게 되고, $n \to \infty$인 극한에서는 전자의 궤도가 너무 커져서 더 이상 원자가 아닌 거시적인 대상으로 변하게 된다. 과연 이런 극한에서 양자이론의 결과가 어떻게 될지 한번 살펴보자. 수소원자의 경우 두 정상상태 사이의 천이과정에서 전자가 바로 아래에 놓여 있는 궤도로 떨어진다고 가정하면 $n_f = n_i - 1$로 나타낼 수 있다. 먼저 두 정상상태가 $n_i = 2$, $n_f = 1$인 경우 위 식을 이용하여 두 궤도 사이의 에너지 변화량 ΔE를 계산해보면 다음과 같은 결과를 얻을 수 있다. 여기서 'eV(electron volt)'는 '전자볼트'라는 에너지 단위로 1 eV는 전자(e) 1개가 1 V의 전압으로 가속될 때 가지는 에너지다.

$$\Delta E = 13.6 \left(\frac{1}{1^2} - \frac{1}{2^2} \right) = 13.6 \times \frac{3}{4} = 10.2 \text{ eV}$$

n을 증가시켜가며 한번 계산해보자. $n_i = 10$, $n_f = 9$인 경우 ΔE를 계산해보면 0.03 eV 그리고 $n_i = 100$, $n_f = 99$인 경우에는 ΔE는 2.8×10^{-5} eV로 거의 (1/100,000) eV로 줄어드는 것을 확인할 수 있다. n이 증가할수록 두 궤도 사이의 에너지 차이가 점점 줄어드는 것을 알 수 있다. 만약 n이 점점 커져서 $n_i = 1000000$, $n_f = 999999$가 되면 두 궤도 사이의 에너지 차이는 약 $9.99.9 \times 10^{-11}$ eV까지 줄어들게 되고 결국 두 궤도의 에너지는 더 이상 구분할 수 없을 정도로까지 가까워지게 된다. n이 더욱더 커지면, 즉 $n \to \infty$가 되는 극한상황에서는 결국 두 궤도 사이의 에너지 차이는 0으로 수렴하게 되고 두 궤도는 더 이상 구분할 수 없는 연속적인 상태가 될 것이다. 그림 6.3을 보면 이 상황을 좀 더 쉽게 이해할 수 있다.

따라서 $n \to \infty$인 극한에서는 더 이상 궤도를 구분할 수 없기 때문에 이때 방출되는

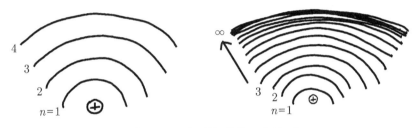

그림 6.3 n이 작을 때와 n이 클 때.

빛의 진동수는 n인 궤도를 돌고 있는 전자의 회전진동수와 같아지는데 이 결과는 고전물리학으로 예측되는 결과와 정확하게 일치한다. 결국 $n \rightarrow \infty$인 극한에서는 양자이론의 결과가 고전물리학의 결과로 환원된다는 것이다. 이것이 바로 보어가 주장하는 '대응원리'이다. 미시세계로부터 거시세계로의 극한상황에서는 양자이론의 결과와 고전물리학적 결과가 같아진다는 것이다. 결국 대응원리를 통해 서로 다른 두 이론체계 사이의 연속성이 확보되었다. 보어는 대응원리를 통해 양자가설의 과학적 근거를 마련한 셈이다. 터무니없어 보였던 보어의 불연속적인 '정상상태'와 '양자도약'이 n이 아주 큰 극한에서 고전물리학적 이론체계 속으로 흡수되는 과정이 증명됨으로써 양자가설은 과학의 중심에 떳떳하게 설 수 있게 되었다.

이제 대응원리의 적용 사례를 한번 살펴보자. 스프링에 매달려 진동하고 있는 고전적인 물체가 그림 6.4와 같이 놓여 있다. 질량 m인 물체가 $-a$와 a 사이를 주기적으로 왕복운동하고 있는 흔히 볼 수 있는 진동시스템이다. 좌우로 진동하는 동안 속도가 순간순간 변하게 되는데 속력은 중심에서 가장 빠르고 양 끝에서 최소가 된다. 왜냐하면 양쪽 끝에서는 매번 운동방향이 반대로 바뀌어야 하기 때문에 방향전환이 일어나기 직전 속력이 최소가 되는 것이다.

지금부터 $-a$와 a 사이에서 물체를 발견할 확률을 한번 따져보자. 확률이 가장 높은 곳과 낮은 곳은 어디일까? 아마도 물체가 빨리 지나가는 곳에서는 그 물체를 관측할 시간이 짧을 것이고 반대로 속력이 느린 곳에서는 머무는 시간이 길기 때문에 관측할

그림 6.4 스프링에 매달려 진동하는 물체.

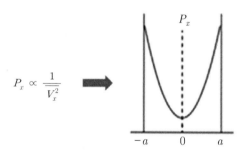

$$P_x \propto \frac{1}{V_x^2}$$

그림 6.5 확률과 확률분포곡선.

시간이 길어질 것이다. 따라서 물체를 발견할 확률이 속력과 밀접한 관계가 있다는 것을 쉽게 직감할 수 있다. 그럼 물체를 발견할 확률이 가장 높은 곳은 어디인가? 물체를 오래 관측할 수 있는 곳이 발견할 확률도 높은 곳이기 때문에 속력이 가장 느린 곳을 찾으면 된다. 어딘가? 속력이 최소가 되는 곳은 양 끝점이기 때문에 이 두 곳에서 물체를 발견할 확률이 최대가 된다. 그럼 물체를 발견할 확률이 최소가 되는 곳은 어딜까? 당연히 속력이 최대인 중심에서다. 결국 물체를 발견할 확률이 속력에 반비례한다는 것을 알 수 있다. 물체를 발견할 확률을 P라 하고 물체의 평균속력을 $\overline{v_x}$라 하면 확률과 평균속력의 관계는 다음과 같이 주어진다. 그림 6.5는 $-a$와 a 사이에서 물체를 발견할 확률분포곡선을 나타낸다.

확률분포곡선을 보면 중심에서 P가 최소가 되고 속력이 가장 느린 양 끝에서는 P가 최대인 것을 확인할 수 있다. 이제 양자물리학적 관점에서 똑같은 진동시스템을 한번 살펴보자. 양자물리학에서는 모든 미시세계의 존재를 입자-파동 이중성으로 묘사하기 때문에 양자물리학적 물체의 상태를 그림 6.6과 같이 한번 묘사해보자. 이렇게 이중성으로 묘사된 양자물리학적 입자를 '파속(wave packet)'이라고 한다.

$-a$와 a 사이를 주기적으로 왕복운동하고 있는 파속의 경우 입자와 달리 정확한 위치를 정의하는 것이 쉽지 않아 보인다. 왜냐하면 파속은 입자와 달리 넓게 퍼져 있기 때문이다. 수소원자와 마찬가지로 파속의 에너지와 상태도 n에 따라 결정되는데 $n=0$일 때 최소에너

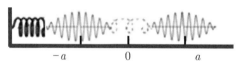

그림 6.6 이중성으로 묘사된 파속.

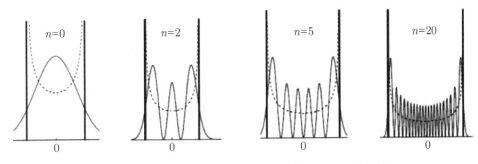

그림 6.7 확률밀도곡선: 실선-양자물리학, 점선-고전물리학.

지 상태가 되며 n이 클수록 에너지도 함께 증가한다. 몇몇 n에서 파속을 발견할 확률밀도곡선을 그려보면 그림 6.7과 같다. 그림에서 점선은 고전물리학적 확률분포곡선을 나타내며 실선은 파속을 발견할 확률밀도곡선을 나타낸다.

n이 0인 경우에는 두 확률곡선이 정반대의 모양을 하고 있다. 이 상태에서는 미시세계와 거시세계의 결과가 완전히 정반대인 것을 알 수 있다. 그런데 n이 커지면서 점선과 실선의 모양이 점점 같은 모양으로 변해가는 것을 볼 수 있는데, 마치 수소원자의 경우 $n \to \infty$인 극한에서 양자이론의 결과가 고전역학적인 결과로 수렴하는 것과 같다. 결국 $n \to \infty$인 극한에서는 이런 진동시스템에서도 대응원리가 제대로 작동한다는 것을 알 수 있다.

대응원리를 통해 미시세계를 기술하는 양자물리학체계와 거시세계를 기술하는 고전물리학체계가 어떤 극한에서는 하나의 이론체계로 통합된다는 사실을 알 수 있었다. 보어는 대응원리를 이용하여 자신이 제안한 양자가설이 터무니없는 비과학적 낭설이 아니라는 것을 고전물리학과의 연속성을 통해 증명해 보였다. 보어의 양자가설은 이렇게 해서 하나의 양자이론으로 당당히 자리 잡을 수 있게 되었다. 역시 발전은 기존의 토대 위에서 이루어진다는 것을 실감할 수 있는 좋은 본보기가 아닌가 싶다. '온고이지신(溫故而知新)!' 논어에 나오는 구절로 '옛것을 익혀 새것을 안다.'는 뜻인데 마치 대응원리의 동양 버전인 것 같다. 대응원리는 신구과학체계 사이의 연속성을 통해 새로운 과학체계로의 발전을 가속화시킬 수 있는 굳건한 토대가 될 것이다.

CHAPTER 07

물질의 파동(Matter Wave)

20세기의 시작과 함께 혜성처럼 나타난 '양자' 개념은 고전물리학적 관점으로 세상을 이해하고 있던 당시의 모든 과학자들을 혼란에 빠뜨리기에 충분했다. 플랑크가 도입한 에너지양자 $h\nu$, 역시 에너지양자 $h\nu$를 가진 아인슈타인의 광자, 그리고 원자에 대한 보어가설, 어느 것 한 가지도 고전물리학에는 없는 완전히 새로운 개념들이었다. 그러나 이들 신개념의 등장으로 그 당시 미해결로 남아 있던 중요한 물리적 현상들이 하나둘씩 해결되기 시작했다. 하지만 그 이면에는 미심쩍은 면이 없지 않았다. 뜨거운 물체로부터 방출되는 복사선들이 왜 띄엄띄엄 떨어져 있는 불연속인 에너지만 가져야 되는지 그리고 슬릿을 통과한 빛이 만드는 간섭무늬는 빛이 파동이라는 명확한 증거인데 느닷없이 또 빛이 입자처럼 행동한다고 하니 의문은 눈덩이처럼 불어만 갔다. 보어 역시 수소 스펙트럼을 제대로 설명하긴 했지만 보어가설에 등장하는 '정상상태'라든가 '양자도약'과 같은 개념들 그 자체에 대해서는 어떠한 과학적 근거도 제시하지 못했다. 뭔가 중요한 문제들이 해결된 것 같긴 한데 한편으로 새로운 개념들에 대한 무지는 점점 깊어져가고 있었다. 이런 시기에 다행인지 불행인지 모르겠지만 또 한 번의 위대한 사건이 일어나게 되는데 그 사건을 일으킨 주인공이 바로 드브로이(de Broglie) 왕자님이다. 드브로이가 일으킨 사건이 어떤 것인지 그리고 그 사건이 우리의 무지를 해소해줄 건지 아니면 우리를 더 깊은 미궁 속으로 끌고 갈 건지 한번 확인해보도록 하자.

이중슬릿을 통과한 빛이 스크린상에 밝고 어두운 간섭무늬를 만든다는 사실은 이미

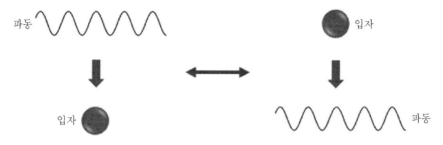

그림 7.1 파동이 입자로 그리고 입자가 파동으로 행동하는 대칭적 구조.

잘 알려져 있다. 이것은 빛이 파동이기 때문에 가능한 현상이다. 그런데 광전효과와 콤프턴효과의 등장으로 빛은 다시 입자가 되었다. 결국 빛은 '파동성+입자성' 모두를 가진 이중적인 존재가 되어버렸다. 드브로이는 이러한 빛의 이중성에 상당한 매력을 느꼈으며 결국 이중성을 물질에까지 확장하려는 생각에 이르게 된다. 빛의 이중성을 물질에 똑같이 적용해보면 어떨까? 이런 의문은 어떻게 보면 대칭적인 관점에선 쉽게 떠올릴 수 있는 생각 같아 보이지만 그 당시에는 결코 상상조차 할 수 없는 파격적인 아이디어였다. 드브로이는 '파동이었던 빛이 입자처럼 행동할 수 있다면 입자도 역시 파동처럼 행동할 수 있지 않을까?'라는 가히 혁명적인 의문을 제기하였다. 드브로이는 1924년 그의 박사학위 논문에서 빛이 가진 이중성, 즉 파동–입자 개념을 물질에 똑같이 적용한 이론을 발표하게 된다. 그림 7.1에 두 경우를 비교해 놓았다. 언뜻 봐도 입자–파동 이중성이 쉽게 와 닿지는 않는다. 겉으로 보기에도 확연히 다른 두 성질이 어떻게 서로 뒤바뀔 수 있는지 정말 신기할 따름이다. 아니 혼란스럽기까지 하다.

어쨌든 드브로이는 이중성의 대칭적 구조를 기반으로 물질이 파동과 같은 성질을 가질 수 있다고 제안하였으며 이때 물질에 대응되는 파동을 '물질파(matter wave)'라고 하였다. 물질파라는 것이 정말로 존재할 수 있는지 만약 가능하다면 물질파를 어떻게 묘사할 수 있는지 한번 알아보자.

질량을 가진 딱딱한 물체가 파동처럼 행동하는 것을 본 적이 있는가? 우리 주변에서 흔하게 볼 수 있는 어떠한 물체도 파동처럼 행동하지는 않는다. 파동처럼 이리저리 흔들리면서 여기저기로 마음대로 돌아다니지는 않는다. 우리들 경험에 비춰보면 절대 불가능한 일이다. 야구공이나 축구공을 보면 어디에서도 파동의 흔적을 발견할 수 없다. 만져보더라도 마찬가지다. 어쨌든 우리는 물체가 파동처럼 행동하는 것을 한 번도 본 적이 없다. 그런데 딱딱한 물체가 어떻게 파동처럼 허물허물거릴 수 있는지 궁금하기 짝이 없다. 그럼 지금부터 드브로이의 생각을 한번 쫓아가보자. 그림 7.1의 오른쪽과 같이 입자를 파동으로 묘사할 수 있다면 입자에 대응되는 물질파의 득성은 파장과 진동수로 결정될 것이다. 드브로이에 따르면 질량 m인 물체가 속도 v로 운동할 경우 이 물체에 대응되는 물질파의 파장은 다음과 같이 정의된다. 왼쪽의 두 식은 플랑크의 에너지양자 ($E = h\nu$)와 상대성이론의 결과로부터 주어지는 질량을 가지지 않는 빛의 에너지($E = pc$)를 나타낸다.

$$\left.\begin{array}{c} E = h\nu \\ E = pc = p(\nu\lambda) \end{array}\right\} \implies \lambda = \frac{h}{p} = \frac{h}{m\nu}$$

여기서 p는 물체의 운동량으로 '질량 × 속도 = mv'로 정의되며 λ는 물질파의 파장 그리고 'h'는 당연히 플랑크상수를 나타낸다. 이렇게 정의된 물질파의 파장을 그 물체의 '드브로이 파장(de Broglie wavelenght)'이라고도 한다. 위의 식을 보면 물질파의 파장이 운동량에 반비례하는 것을 알 수 있는데 그렇기 때문에 물체의 질량이 크거나 속도가 크면 그 만큼 파장도 짧아진다는 것을 알 수 있다. 예를 들어 60 kg인 사람이 초속 0.5 m로 걸어갈 경우 이 사람의 드브로이 파장은 어떻게 될까? 우리는 'h'가 얼마나 작은 값인지를 이미 잘 알고 있다. h는 약 6.6×10^{-34} J·s이다. 따라서 60 kg인 사람의 드브로이 파장은 다음과 같다.

$$\lambda = \frac{h}{mv} = \frac{6.6 \times 10^{-34}}{60 \times 0.5} = 2.2 \times 10^{-35} \text{ m}$$

약 $\sim 10^{-35}$ m 정도다. 너무나 짧은 파장이다. 눈으로는 당연히 볼 수 없고 손으로 만져봐도 절대 느낄 수 없으며 측정조차 할 수 없는 원자보다 훨씬 작은 크기다. 결국 이 사람에게서는 어디에서도 파동의 흔적을 찾아볼 수 없다. 이 정도면 파동이라 할 수 없을 것 같다. 이와 같이 우리 주변에서 흔히 볼 수 있는 거시적인 물체들이 비록 파동과 같은 특성을 지녔다손치더라도 드브로이 파장이 너무 짧기 때문에 파동성은 절대 겉으로 드러나지 않는다. 그렇기 때문에 거시적인 물체들은 입자들로밖에 취급할 수 없는 것이다. 이제 원자와 같은 미시세계의 입자들을 한번 살펴보자. 그중에서 원자핵을 구성하는 양성자의 드브로이 파장을 계산해볼 텐데, 양성자의 질량은 약 1.67×10^{-27} kg이다. 양성자가 로켓이 지구를 탈출할 때의 속도와 같은 초속 11 km로 날아갈 경우 양성자의 드브로이 파장을 계산해보면 약 0.03 nm 정도 된다. 요즘 나노사이즈(10^{-9} m)는 아주 흔하게 접할

그림 7.2 미시세계로 갈수록 파동성이 우세해지는 것을 상징적으로 나타낸 그림.

수 있는 크기다. 따라서 양성자의 드브로이 파장은 요즘 과학기술로는 그런대로 쉽게 측정할 수 있는 크기다. 이처럼 질량이 아주 작은 미시세계의 입자들은 측정이 가능할 정도로 드브로이 파장이 길기 때문에 충분히 파동으로 취급할 수 있다. 거시적인 물체와 미시적인 물체들의 드브로이 파장을 상징적으로 묘사해보면 그림 7.2처럼 표현할 수 있을 것이다. 왼쪽에서 오른쪽으로 갈수록 파동성이 점점 두드러진다는 것을 볼 수 있다. 질량이 큰 왼쪽 물체들은 파동이라기보단 입자 덩어리로 보이지만 질량과 크기가 점점 작아지면서 오른쪽 끝에 가서는 순전히 파동으로만 보인다. 즉, 질량이 아주 작은 미시세계의 입자일수록 드브로이 파장이 길어지기 때문이다.

  그럼 정말 미시세계의 입자들은 파동처럼 행동할까? 실제로 물질파가 존재한다면 어떻게 측정할 수 있을까? 그리고 물질파는 어떤 모습을 하고 있을까? 수면파나 음파처럼 그런 것인지 아니면 완전히 엉뚱한 모습을 하고 있는지 궁금한데, 지금부터 물질파의 실체를 한번 찾아 나서보자.

  빛의 파동성을 입증하는 대표적인 실험은 앞에서 여러 번 언급했듯이 바로 슬릿을 이용한 영의 간섭실험이다. 따라서 미시적인 입자가 파동처럼 행동한다면 영의 간섭실험을 이용하여 이를 확인할 수 있을 것이다. 이미 입자라고 잘 알려져 있는 전자나 양성자를 이용하여 간섭실험을 해보면 될 것이다. 만일 이 입자들이 파동처럼 행동한다면 슬릿을 통과한 후 스크린 위에는 빛의 경우와 마찬가지로 밝고 어두운 간섭무늬를 만들 것이다. 그림 7.3은 빛을 이용하여 이중슬릿 실험을 했을 때 두 슬릿에서 회절된 빛이 서로 간섭하여 스크린 위에 밝고 어두운 간섭무늬를 만드는 과정인데 오른쪽 그림은 이중슬릿 실험을 통해 얻은 간섭무늬의 실제 이미지를 나타낸다.

  전자와 같은 입자를 이용하여 간섭실험을 해보면 어떤 결과를 얻을 수 있을까? 만약 그림 7.3과 같은 간섭무늬가 관측된다면 전자의 파동성은 바로 입증될 것이다. 데이비슨은 니켈표면에서 산란된 전자들의 분포를 분석한 결과 전자들의 분포가 마치 간섭무늬와 유사하다는 것을 발견하였다. 간섭무늬를 제대로 얻기 위해서는 슬릿의 폭과 파장 사이의

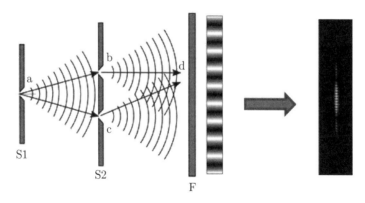

그림 7.3 이중슬릿에 의한 간섭무늬와 실제 간섭무늬 모습.

관계가 무엇보다 중요하다. 데이비슨이 수행한 실험의 경우 슬릿의 폭은 니켈표면의 원자들 사이의 거리가 되며 입사 파동의 파장은 바로 전자에 대응되는 물질파의 파장이 된다. 빛의 경우 슬릿의 폭이 빛의 파장보다 훨씬 크면 간섭무늬가 생기지 않는다. 따라서 회절과 간섭이 일어나기 위해서는 슬릿의 폭이 파장과 거의 같거나 작을 때만 가능하다. 그림 7.4를 보면 이 상황을 쉽게 이해할 수 있다. 슬릿 폭이 줄어들수록 회절이 잘 일어나는 것을 볼 수 있다.

따라서 전자를 이용하여 간섭실험을 하기 위해서는 전자의 드브로이 파장과 비슷한 크기의 슬릿 폭이 필요하다. 만약 물질 내부의 원자간 거리를 슬릿의 폭으로 이용할 경우에는 전자의 드브로이 파장을 원자간 거리 정도가 되도록 조절하면 된다. 전자의 드브로이 파장은 속도에 따라 달라지기 때문에 전자의 속도를 적절히 제어하면 우리가 필요로 하는 드브로이 파장을 얼마든지 얻을 수 있다. 이제 슬릿과 파동이 모두 준비되었으니 전자의 파동성을 한번 조사해보도록 하자. 전자가 투과할 수 있을 정도로 얇게 제작한

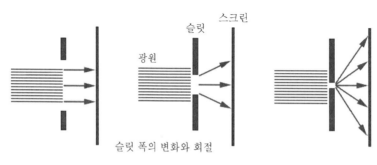

그림 7.4 슬릿의 폭과 회절.

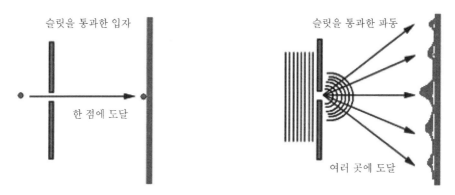

그림 7.5 입자와 파동이 슬릿을 통과했을 때 나타나는 결과.

금속 막을 향해 아주 빠르게 가속된 전자를 발사해보자. 전자가 금속 원자들로 이루어진 슬릿을 통과한 후 스크린에 도달하면 무슨 일이 벌어질까? 과연 스크린 위에 어떤 무늬가 나타날지 궁금하다. 그림 7.5는 전자가 입자일 경우 그리고 파동일 경우 슬릿을 통과한 후 스크린에 만드는 무늬를 미리 예측해서 한번 그려본 것이다. 만일 전자가 입자라면 스크린 위에는 단 하나의 점만 나타나겠지만 그렇지 않고 파동이라면 당연히 밝고 어두운 간섭무늬가 나타날 것이다.

그림 7.6은 빛이 띠 형태의 슬릿과 바늘구멍 슬릿을 통과한 후 만들게 되는 간섭무늬를 보여주고 있는데 그 위의 두 사진은 실제 전자가 이들 두 슬릿을 통과한 후 만든 간섭무늬들을 촬영한 이미지들이다. 그림과 사진을 비교해보면 전자와 빛이 만든 간섭무늬가 정말 똑같다는 걸 확인할 수 있다. 전자가 파동이라는 사실이 완벽하게 증명된 셈이다. 질량을 가진 입자였던 전자가 파동이 된 것이다.

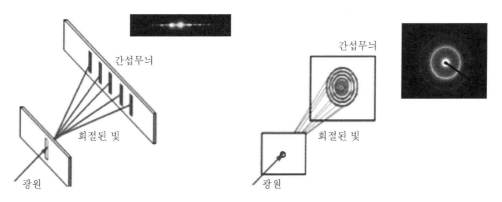

그림 7.6 서로 다른 슬릿에 의한 간섭무늬: 빛(그림)과 전자(사진).

전자가 파동성을 가진다는 사실이 확인되면서 드브로이가 제안한 물질파의 존재는 너무나 명백하게 입증되었다. 빛이 파동–입자 이중성을 보였듯이 전자도 입자–파동 이중성을 고스란히 보여주었던 것이다. 미시세계에서는 '이중성'이 모든 존재에 적용될 수 있는 보편적인 성질인 것처럼 느껴진다. 입자–파동 이중성! 혹 이중성이 본질이고 입자와 파동은 어떤 특별한 조건하에서 발현되는 개별적인 특성이 아닐까 하는 생각까지 들게 한다.

드브로이의 물질파 역시 고전물리학으로는 절대 이해할 수 없는 전혀 새로운 개념으로 양자물리학을 형성하는 중요한 축이 되었다. 드브로이 물질파의 또 다른 성공은 보어가 제안한 원자모형의 이론적 근거를 제시한 것이다. 잘 알다시피 보어가설의 핵심에는 '정상상태'라는 개념이 있다. 그런데 전자가 정상상태라고 하는 궤도에 있을 때는 왜 복사선을 방출하지 않는지 그 이유에 대해서는 아무런 설명이나 근거가 없다는 것이 보어가설의 가장 큰 맹점이었다. 그런데 드브로이가 제안한 물질파 개념을 사용하면 보어 원자모형의 핵심이라 할 수 있는 정상상태의 존재이유를 개념적으로나마 설명이 가능하다. 물질파와 정상상태라고 하는 전자궤도 사이의 관계를 알아보기에 앞서 먼저 기타 줄의 진동을 한번 살펴보자. 기타 줄은 양 끝이 고정되어 있기 때문에 줄이 진동할 수 있는 형태는 제한적이며 허용되는 몇몇 진동을 살펴보면 그림 7.7과 같다. (a) 기본진동, (b) 2배진동 그리고 (c) 3배진동과 같이 기타 줄의 진동이 기본진동(a)의 정수배를 만족할 때만 허용되는 것을 알 수 있다.

드브로이는 이 개념을 보어의 정상상태 궤도에 똑같이 적용시켰다. 즉, 보어의 원자모형에서 전자들은 닫힌 궤도를 따라 원자핵 주위를 공전하기 때문에 마치 양 끝이 고정되어 있는 기타 줄과 같은 상황이라 할 수 있다. 따라서 전자가 공전하고 있는 궤도의 원둘레를 기타 줄의 길이에 대응시킬 경우 그림 7.7과 같은 진동형태를 전자의 궤도에 그대로 적용할 수 있다. 그림 7.7을 전자의 물질파에 고스란히 한번 적용시켜보자. 전자궤도의 원둘레가 만족하는 물질파의 파장 역시 최소파장의 정수배만 허용될 것이다. 따라서 이 조건을 만족하는 궤도에서만 전자들이 존재할 수 있다. 전자에게 허용되는 이러한

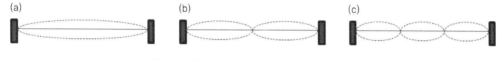

그림 7.7 양 끝이 고정되어 있는 줄의 진동.

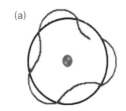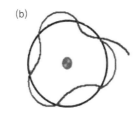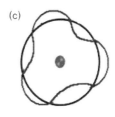

(a)　　　　　　　(b)　　　　　　　(c)

그림 7.8 전자의 물질파 파장과 궤도의 안정성.

궤도가 바로 보어가 제안한 '정상상태'에 대응되는 것이다. 전자의 궤도반지름을 R_n, 그리고 전자의 드브로이 파장을 λ 라고 하면 정상상태는 다음과 같은 조건을 만족하는 전자의 궤도가 된다.

허용된 궤도의 원둘레 = 물질파의 최소 파장의 정수배

$$2\pi R_n = n\lambda, \; n = 1, 2, 3, \cdots$$

이 식을 만족하는 궤도가 바로 정상상태이며 따라서 드브로이 파장의 정수배에 해당하는 궤도에 있는 전자들은 복사선을 방출하지 않고 원자핵 주위에 안정하게 머무를 수 있게 된다. 한편 위의 조건을 만족하지 않는 전자의 궤도들은 허용되지 않는다. 결국 드브로이 물질파의 도움으로 보어의 정상상태들이 왜 불연속적으로 분포하며 또한 이들 정상상태들이 어떠한 조건에 따라 허용되는지를 설명할 수 있는 근거가 마련된 셈이다. 그림 7.8은 이러한 상황을 묘사한 것인데 전자의 물질파 파장과 안정한 궤도 사이의 관계를 나타낸 것이다. 그림 7.8의 (a)와 (b)는 파장의 정수배보다 짧거나 긴 경우로 위 조건에 위배되기 때문에 이러한 궤도는 허용되지 않지만 (c)와 같이 위 조건을 만족하는 경우에는 전자가 복사선을 방출하지 않고 안정한 상태로 존재할 수 있는 '정상상태'가 된다.

그림 7.9는 n이 3, 4, 5, 6에 대응되는 정상상태들을 나타낸다. $n = 1$일 때 물질파의 파장이 최소파장이 된다. 그림 7.9의 각 n에서의 파장은 $n = 1$일 때 파장의 정수배에 해당하며 n이 클수록 진동수도 함께 증가한다는 것을 알 수 있다. 단, 그림 7.9에 표시되어 있는 진동형태는 전자에 대응되는 물질파를 묘사한 것이지 실제 전자가 돌아다니는 궤도를 나타내는 것은 아니다. 궤도는 입자에 사용하는 개념이고 물질파는 파동에 사용하는 개념인데 전자의 이중성 때문에 용어가 막 섞여 있다. 이중성 때문에 말도 섞여버렸다.

드브로이 물질파가 갑자기 하늘에서 뚝 떨어진 보어의 '정상상태'의 존재이유를 설명할

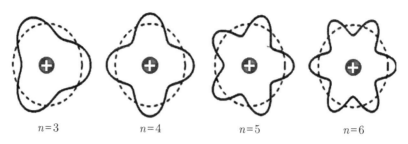

$n=3$ $n=4$ $n=5$ $n=6$

그림 7.9 최소파장의 정수배를 만족하는 허용 가능한 정상상태들.

수 있는 이론적 근거가 되었다. 이렇듯 드브로이 왕자가 도입한 쉬운 것 같지만 혁명적인 물질파 개념은 또 한 번 양자물리학을 도약시키는 계기가 되었다. 이제 드브로이의 물질파 개념은 전자와 같은 소립자에만 국한되는 것이 아니고 운동량을 가진 어떠한 물체에도 다 적용될 수 있는 일반적인 개념이 되었다. 빛이 이중성을 가졌듯이 이제 물질도 공식적으로 이중성을 가진 존재가 되었다. 빛의 이중성도 상상하기 힘든데 물체의 이중성이라니!

어쨌든 오늘날에는 드브로이 물질파가 과학 전반에 걸쳐 아주 친숙하고 자연스러운 물리적 개념이 되었다. 1929년 드브로이는 '전자의 파동성에 대한 발견'으로 노벨물리학상을 수상하게 됐다. 하지만 우리들에게는 드브로이 물질파 개념이 여전히 낯설다. 그 이유는 실제로 물질이 파동처럼 행동하는 것을 경험한 적이 없기 때문이다. 또한 직관적으로 이해하는 것은 더더욱 힘들다. 입자와 파동이 본질적으로 다르기 때문이다. 그래서 이중성에 대한 여러 가지 다양한 의문이 자연스럽게 떠오르게 된다. 스스로에게 한번 질문해보자. 전자는 질량과 전하를 가지고 있는 보통의 물질인데 이 전자가 물질파로 해석될 경우 도대체 무엇이 진동하는 것일까? 질량의 크기나 전하량이 진동하는 걸까? 아니면 전자의 모양 자체가 진동하는 걸까? 무엇이 파동처럼 진동하고 있는지 도무지 상상할 수가 없다. 그래도 우리는 이 의문의 끝을 찾아 나서야 한다. 왜냐하면 호기심은 언제나 우리를 불편하게 하기 때문이다. 이 불편함에서 벗어나 '유레카(Eureka)'를 외치며 자유를 찾고자 하는 의지는 우리 인간의 원초적 본능이 아닌가 싶다. 이중성의 의미와 본질을 찾고 유레카를 외칠 인물이 과연 누구일까?

CHAPTER 08

슈뢰딩거의 파동역학
(Schrodinger's Wave Mechanics)

플랑크상수 'h'의 도입으로 시작된 양자개념은 아인슈타인, 보어 그리고 드브로이로 이어져오면서 여러 형태로 사용되어왔다. 이미 파동으로 알려져 있었던 빛이 불연속적인 에너지덩어리 '$h\nu$'를 가진 입자로 재탄생했으며 보어는 전자가 두 정상상태 사이를 양자점프할 때 역시 '$h\nu$'라는 에너지덩어리로 빛이 흡수 또는 방출된다는 가설을 세워 수소원자 스펙트럼을 너무도 정확하게 설명할 수 있었다. 연이어 드브로이는 빛의 이러한 특성을 입자에 똑같이 적용하여 물질파라고 하는 새로운 개념을 도입하였다. 입자에 대응되는 파동을 물질파라고 하는데 질량 m인 물체가 속력 v로 운동할 때 이 물체는 'h/mv'에 대응하는 드브로이 파장을 가지게 된다. 이처럼 'h'는 입자와 파동 모두에 포함되어 있으며 파동이었던 빛은 'h'를 통해 입자적인 성질을 가지게 되었으며 질량을 가진 입자들은 'h'를 통해 파동처럼 행동할 수 있게 되었다. 그러나 'h'가 도입되기 이전에는 입자와 파동은 완전히 독립적인 존재들로 여겨졌기 때문에 이들을 기술하는 방정식 역시 파동은 파동방정식 그리고 입자는 뉴턴의 운동방정식을 이용하여 각기 독립적으로 다루어졌다.

파동방정식의 해로부터 파동의 미래에 대한 정보를 얻을 수 있으며 마찬가지로 운동방정식의 해로부터 입자의 미래 상태를 정확하게 예측할 수 있다. 이와 같이 파동과 입자를 독립적인 존재로 취급할 경우에는 초기 상태에 대한 정보만 주어지면 인과율에 따라 미래 상태에 대한 정확한 결과들을 알 수 있다. 그러나 'h'가 도입되면서 입자와 파동은 더 이상 독립적으로 존재할 수 없으며 '이중성'이라는 하나의 성질로 합쳐지게 되었다.

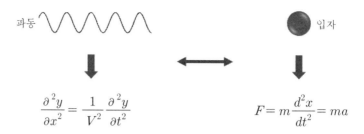

$$\frac{\partial^2 y}{\partial x^2} = \frac{1}{V^2}\frac{\partial^2 y}{\partial t^2} \qquad\qquad F = m\frac{d^2 x}{dt^2} = ma$$

그림 8.1 파동-파동방정식, 입자-운동방정식.

이제 입자라고도 그렇다고 파동이라고도 할 수 없는 존재가 'h'를 통해 탄생했다. 그냥 이중성을 가진 새로운 대상이 탄생한 것이다. 그럼 입자도 아니고 파동도 아닌 이런 이중성을 가진 존재는 어떻게 다루어야 할까? 그림 8.1의 두 방정식은 더 이상 쓸모가 없을 것 같다. 왜냐하면 두 방정식은 파동과 입자 각각에만 적용할 수 있는 그런 방정식들이 기 때문이다. 과연 어떤 방정식으로 이중성을 가진 대상을 기술할 수 있을까? 이 물음은 곧 물질파를 기술할 수 있는 방법을 찾는 문제로 귀결된다. 드브로이가 제안한 물질파는 주어진 공간의 유한한 영역을 차지하고 있는 입자이기도 하고 물결치는 파동처럼 행동하기 도 한다. 그림 8.1의 두 방정식을 다시 살펴보면 파동방정식 속에는 물체의 입자적인 성질이 전혀 포함되어 있지 않으며 운동방정식 속에는 파동성이 전혀 포함되어 있지 않다는 것을 알 수 있다. 결국 이중성을 가진 대상을 제대로 설명하기 위해서는 뭔가 또 다른 형태의 방정식이 분명히 필요해 보인다. 과연 어떤 종류의 방정식일까? 누가 이중성을 묘사할 수 있는 방정식을 찾아낼 수 있을까? 그 당시 물질파에 대한 강한 호기심을 가진 아주 젊은 학자 한 사람이 갑자기 출현하게 되는데 그가 바로 슈뢰딩거(Schrodinger) 다. 슈뢰딩거는 물질파를 기술할 수 있는 '파동역학(wave mechanics)'이라는 완전히 새로운 이론체계를 완성한 장본인이다. 물질파 개념이 가진 매력에 흠뻑 빠져 있던 슈뢰딩 거는 물질파를 묘사할 수 있는 방법을 찾으려고 무던히도 애를 많이 썼다. 과연 이중성을 표현할 수 있는 방정식은 어떤 모습일까? 슈뢰딩거는 드브로이의 물질파 개념이 보어의 양자가설보다 훨씬 과학적이라고 믿고 있었기 때문에 물질파를 제대로 설명할 수 있는 역학체계가 틀림없이 존재할 것이라고 굳게 믿고 있었다. 하지만 문제는 쉽게 해결되진 않았다. 훨씬 이전에 맥스웰에 의해 빛이나 전파에 대한 파동방정식은 이미 잘 확립되어 있었지만 이 방정식으론 물질파를 설명할 수 없었다. 물질파는 3차원 공간에서 정의되는 물체 그 자체의 파동이기 때문에 전파와는 완전히 다른 새로운 형태의 파동이었기 때문이다. 물질파에 대한 이러한 고민을 안고 슈뢰딩거는 스위스의 한적한 산골로 여행을 떠났으며, 몇 주 동안 스키도 타고 자유롭게 사색도 하면서 한편으로 점점 이 문제의 핵심에 접근하고 있었다. 1926년 마침내 슈뢰딩거는 물질파를 기술할 수 있는 '파동방정식(wave equation)'을 완성했으며 이 방정식은 어떤 다른 방정식들로부터도 유도될 수 없는 순전히 슈뢰딩거에 의해 창조된 것이기 때문에 '슈뢰딩거방정식'이라고도 불린다. 현대물리학이 시작되는 역사적인 순간이었다. 슈뢰딩거는 이 방정식을 통해 입자들의 운동을 파동으로 설명할 수 있는, 다시 말해 이중성을 완전하게 묘사할 수 있는 새로운 형태의 '파동역학체계'를 완성했던 것이다. 슈뢰딩거의 파동역학은 보어의 양자이론으로 예측되는 결과들은 물론 그 이외에 미시세계의 다양한 양자현상들을 설명할 수 있는 정말 아름다운 이론체계였다. 슈뢰딩거방정식의 등장으로 주로 가설에 의존하고 있었던 고전양자론이 비로소 양자물리학으로 굳건히 자리매김할 수 있는 이정표가 되었다.

이제 슈뢰딩거의 파동방정식을 찾아가는 긴 여정이 시작될 텐데, 이 과정에서 조금 따분하고 지루하고 어려운 식들과 마주하게 될 것이다. 하지만 파동을 어떻게 표현하는지, 파동방정식이 어떤 의미를 가지고 있는지 알고 나면 파동의 특성과 함께 각각의 숫자와 기호들이 왜 그 자리에 있는지 이해할 수 있을 것이다. 파동방정식의 중요성에 비하면 이 정도 지루함은 애교로 넘길 수 있을 듯싶다. 빛이나 소리 그리고 물결과 같은 보통의 파동들을 기술하는 고전적인 파동방정식은 파동의 진폭이 위치에 따라 시시각각 어떻게 변해가는지 알려준다. 즉, 파동방정식 속에는 파동의 미래에 대한 정보가 고스란히 담겨져 있다.

그림 8.2는 지진에 의해 발생한 강력한 쓰나미가 육지를 향해 달려가는 모습을 보여준다. 오른쪽은 쓰나미의 단면을 나타낸 것인데 주기적으로 물결치는 모양의 파동이 진앙으로부터 오른쪽으로 진행해 가는 것을 볼 수 있다. 이 경우 진동의 실체는 바닷물의 높낮이 변화인데 이 높낮이 변화인 진폭이 시간에 따라 어떤 속력을 가지고 어떻게 퍼져나갈

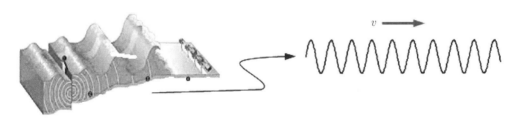

그림 8.2 쓰나미와 멀리 퍼져나가는 파도의 단면.

그림 8.3 오른쪽과 왼쪽으로 이동하는 파동.

건지는 온전히 파동방정식에 의해 결정된다. 소리의 경우에는 공기의 밀도변화가 진폭에 해당되며 빛의 경우에는 전기장이나 자기장의 세기가 진폭에 대응된다. 이렇게 파도와 같이 일정한 속력을 가지고 멀리 퍼져나가는 파동을 진행파라고 하는데 이런 진행파들이 향하는 방향은 관측자를 기준으로 결정된다. 그럼 이런 진행파들을 어떻게 표현할 수 있는지 한번 살펴보자. 우리 자신을 기준으로 했을 때 오른쪽 또는 왼쪽으로 진행하는 파동은 좌표 위에 있는 한 점을 평행이동시킬 때 사용하는 수학적 방법을 그대로 사용하여 나타낼 수 있다. 예를 들어 어떤 함수 y를 $+x$축 방향으로 5만큼 평행이동시킬 때는 $y(x-5)$ 그리고 $-x$축 방향으로 5만큼 평행이동시킬 때는 $y(x+5)$로 표시하는 것과 같다. 5라는 숫자는 이동한 거리를 나타내기 때문에 5를 '이동거리=속도×시간 = vt'라는 기호로 치환하여 표현하면 그림 8.3과 같이 오른쪽으로 진행하는 파동은 $y(x-vt)$ 그리고 왼쪽으로 진행하는 파동은 $y(x+vt)$와 같은 함수형태로 나타낼 수 있다.

파동의 진폭변화는 사인 또는 코사인함수와 같은 주기함수를 이용하여 나타낼 수 있는데 만약 코사인함수로 진동하는 파동이 v라는 속력을 가지고 $+x$축 방향으로 진행하고 있다면 이 파동의 진폭은 $y = y_0 \cos [k(x-vt)]$로 표현할 수 있다. 이 식을 각속도 $\omega = kv$ 를 이용하여 다시 정리하면 아래와 같은 식이 된다.

$$y(x,\ t) = y_0 \cos (kx - \omega t)$$

여기서 $k = 2\pi/\lambda$ 그리고 $\omega = 2\pi\nu$로 정의되는 파수와 각속도를 각각 나타낸다. 그림 8.4는 원운동하는 물체에 빛을 비춰 오른쪽 스크린에 투영시켰을 때 나타나는 그림자의 궤적을 펼쳐서 나타낸 것이다. 파장 λ가 표시되어 있으며 한 파장 진행할 때 걸린 시간을 주기 T라고 한다. 진동수 ν는 주기의 역수인데 우리가 잘 알고 있는 가정용 전기의 경우 진동수는 60 Hz 그리고 주기는 1/60초=약 0.017초가 된다.

해수면의 높낮이가 주기적으로 변하면서 속력 v를 가지고 $+x$축 방향으로 진행하는

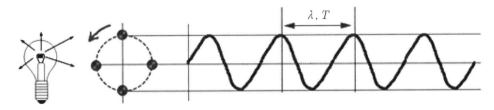

그림 8.4 원운동과 주기적 운동.

수면파는 다양한 형태의 진폭을 가질 수 있는데 위의 식은 그런 진폭들 중의 하나를 기술한다. 이 식을 이용하여 위치 x와 시간 t에 대해 미분한 다음 두 식을 비교해보면 그 결과가 정확히 파동방정식을 만족한다는 것을 알 수 있다. 유도과정은 이 장 끝에 별도로 정리해놓은 '참고'에서 확인할 수 있다. 파동방정식의 왼쪽과 오른쪽에 보이는 기호들, 즉 $\partial/\partial x$와 $\partial/\partial t$는 공간과 시간에 대한 아주 작은 변화율을 알기 위해 사용하는 편미분기호를 나타낸다.

$$\frac{\partial^2 y}{\partial x^2} = \frac{1}{v^2}\frac{\partial^2 y}{\partial t^2}$$

지금까지 파동을 묘사하는 방법과 파동방정식과의 관계를 살펴보았다. 이와 같은 방법을 물질파에 그대로 적용시킬 수 있을까? 위에 주어진 파동방정식이 어떤 물리적 변수들로 구성되어 있는지 한번 살펴보자. y_0, k, x, v, ω, t와 같은 변수들이 보인다. 그런데 이 변수들 중에는 질량이라든가 전하와 같은 물질 그 자체와 관련된 변수는 어디에서도 찾아볼 수 없다. 비록 역학적 파동의 경우에는 속력이 매질이라는 물질에 의해 결정되지만 한 번 생성된 파동의 속력은 언제나 일정한 값을 가지기 때문에 실제 파동의 상태변화에는 아무런 영향을 끼치지 않는다. 따라서 매질의 특성을 제외하면 결국 파동방정식은 물질과 무관한 상태변수들로만 이루어져 있기 때문에 당연히 이 방정식으로는 물질파를 기술할 수가 없다.

이제 슈뢰딩거방정식을 한번 살펴보자. 슈뢰딩거방정식은 입자와 파동이라는 이중성 개념을 고스란히 담고 있는 완전히 새로운 형태의 파동방정식이다. 이 방정식에서는 물질파를 어떻게 다루는지 몹시 궁금하다. 어떤 형태의 파동방정식일까? 물질파의 운동량 p와 에너지 E를 파수 k와 각진동수 ω로 나타내면 다음과 같다. 이제 'h'가 작동하기 시작한다.

$$p = \frac{h}{\lambda} = \hbar k, \ E = h\nu = \hbar\omega$$

여기서 $\hbar$는 'h-bar'로 읽으며 $\hbar = h/2\pi$와 같다. 이 두 개념을 앞에서 살펴본 진폭의 표현식에 단순히 치환시켜 한번 표현해보자. kx와 ωt를 $px/\hbar$와 $Et/\hbar$로 치환하고, $y(x, t)$와 y_0는 $\psi(x, t)$와 ψ_0로 문자만 바꿔 식을 다시 써보면 아래와 같은 식을 얻을 수 있다.

$$\psi(x, t) = \psi_0 \cos\left(\frac{p}{\hbar}x - \frac{E}{\hbar}t\right)$$

이 식은 $+x$축으로 진행하는 보통의 파동을 나타내는 식과 똑같은 형태지만 괄호 속에는 운동량과 에너지가 포함되어 있다. 이제 물질의 특성과 관련된 물리량, 즉 운동량과 에너지를 포함하고 있는 이 식이 물질파를 제대로 기술할 수 있는지 한번 조사해보자. 먼저 이 식이 기존의 파동방정식을 만족하는지 알아보기 위해 앞에서 한 것처럼 이 식을 위치 x와 시간 t에 대해 미분한 다음 두 결과를 비교해보자. 세부계산 과정은 역시 '참고'에서 확인할 수 있다. 결과는 '아니다'이다. 단순히 p와 E를 치환한 형태로 파동을 묘사해서는 기존의 파동방정식을 만족시킬 수 없다는 것을 확인할 수 있다. 지금도 파동은 위와 같은 형태의 식을 이용하여 묘사하는데 이런 형태의 파동이 파동방정식을 만족하지 않는다면 그럼 어떤 형태로 물질파라고 하는 파동을 묘사해야 하는가? 만약 허수를 포함하고 있는 복소함수를 이용하여 파동을 표현해보면 어떨까? 고전물리학에서 다루는 모든 물리량들은 실수로 표현되며, 뉴턴의 운동방정식이나 맥스웰의 전자기파방정식도 예외는 아니다. 다른 방도가 없으니 복소함수를 사용해서 아래와 같이 파동을 한번 묘사해보자. 아래의 식 속에는 허수 'i'와 자연지수함수, e도 포함되어 있다. 자연지수함수는 $e^{ix} = \cos x + i\sin x$ 관계를 만족한다. 따라서 이 식 속에도 진동 특성이 포함되어 있다는 것을 짐작할 수 있다.

$$\psi(x, t) = \psi_0 e^{i(px - Et)/\hbar}$$

위 식을 위치 x에 대해서 두 번 미분하고 그리고 시간 t에 대해서 한 번 미분한 결과들을 이용해서 정리하면 다음과 같은 관계식을 얻을 수 있다. 세부 유도과정은 역시 '참고'에서 확인할 수 있다.

$$-\frac{\hbar^2}{2m}\frac{\partial^2\psi}{\partial x^2} = \frac{p^2}{2m}\psi = E\psi$$

$$i\hbar\frac{\partial\psi}{\partial t} = E\psi$$

두 식의 오른쪽을 비교해보면 결과가 같다는 것을 알 수 있다. 여기서 $p^2/2m$은 물질파의 운동에너지를 나타내며, E는 총에너지를 나타낸다. 슈뢰딩거는 물질파의 상태를 가장 잘 표현할 수 있는 물리량으로 헤밀토니안(Hamiltonian, H)이라는 에너지를 사용했는데 에너지는 입자든 파동이든 모두에게 적용할 수 있는 물리량이기 때문에 물질파의 경우에도 유용할 것으로 보인다. 헤밀토니안은 운동에너지($K \cdot E$)와 위치에너지($P \cdot E$)의 합으로 정의되는 물리량이다.

운동에너지는 질량 m인 물체가 속도 v를 가지고 달려갈 때 가지게 되는 에너지이며 위치에너지는 그림 8.5의 두 양전하처럼 서로 놓여 있는 상대적 위치 때문에 가지게 되는 에너지다. 그림에서처럼 양전하의 경우 가까울수록 서로 밀어내는 힘이 더 강하기 때문에 위치에너지도 더 크다고 할 수 있다. 위치에너지는 힘이 미치는 장(場, field)이 존재하는 곳이면 어디에나 존재하는 에너지로 우리들에게 가장 익숙한 예가 중력이 만드는 중력장에서의 위치에너지다. 지면을 기준으로 물체가 얼마나 높은 곳에 있느냐에 따라 위치에너지가 달라지며 높은 곳에 있는 물체일수록 더 큰 위치에너지를 가지게 된다. 장에는 중력장, 전기장, 그리고 자기장 등이 있으며 이렇게 힘이 미치는 역장에서 물체가 기준점에 대해 어디에 위치해 있는가에 따라 에너지가 달라지기 때문에 '위치에너지'라고 한다. 위치에너지는 '$V(r)$'과 같이 위치의 함수형태로 표시한다. 여기서 'r'은 기준점에 대한 물체의 위치를 나타낸다. 따라서 위치에너지를 포함한 헤밀토니안은 다음과 같이 나타낼 수 있다.

$$H = K \cdot E + P \cdot E = \frac{p^2}{2m} + V(r)$$

그림 8.5 운동에너지와 위치에너지.

앞서 얻은 방정식을 위치에너지가 포함된 형태로 확장해보자. 전체 에너지를 $p^2/2m \rightarrow p^2/2m + V(r)$로 치환한 후 위 식을 다시 정리하면 아래와 같이 나타낼 수 있다.

$$-\frac{\hbar^2}{2m}\frac{\partial^2\psi}{\partial x^2} + V(x)\psi = E\psi$$

$$-\frac{\hbar^2}{2m}\frac{\partial^2\psi}{\partial x^2} + V(x)\psi = i\hbar\frac{\partial\psi}{\partial t}$$

이 두 식이 슈뢰딩거가 그렇게 찾고자 했던 바로 그 방정식, '물질파의 파동방정식'이다. 물질파를 제대로 묘사할 수 있는 운동방정식이다. 위의 첫 번째 식은 시간을 포함하지 않기 때문에 '시간독립형 슈뢰딩거방정식'이라 하며, 두 번째 식은 시간을 포함하는 '시간의존형 슈뢰딩거방정식'이라고 한다. 두 번째 식은 물질파의 상태가 시시각각 어떻게 변해가는지를 알려준다. 슈뢰딩거방정식의 첫 번째 시험장은 다름 아닌 수소원자의 스펙트럼 문제였다. 아래 식은 구면좌표계를 이용하여 나타낸 수소원자에 대한 슈뢰딩거방정식이다. 구면좌표계는 지구본에서 나라의 위치를 정할 때 사용하는 좌표계와 같은데, 예를 들어 우리나라의 구면좌표는 (r, θ, ϕ) = (R, 북위 38도, 동경 135도)와 같이 표시할 수 있다. 여기서 R은 지구의 반지름으로 우리나라가 반지름 R인 지구표면에 있다는 것을 나타낸다. 아래 식에서 (r, θ, ϕ) 좌표는 수소원자의 전자에 대한 것이다.

$$-\frac{\hbar^2}{2m}\left[\frac{1}{r^2}\frac{\partial}{\partial r}\left(r^2\frac{\partial}{\partial r}\right) + \frac{1}{r^2\sin\theta}\frac{\partial}{\partial \theta}\left(\sin\theta\frac{\partial}{\partial \theta}\right) + \frac{1}{r^2\sin^2\theta}\frac{\partial^2}{\partial \phi^2}\right]\psi + V(r)\psi = E\psi$$

정말 복잡한 미분방정식이란 걸 언뜻 보아도 알 수 있다. 어쨌든 이렇게 주어진 슈뢰딩거방정식을 풀어보면 우리가 이전 장에서 만나봤던 전자의 에너지를 얻을 수 있다. 아래 주어진 관계식이 바로 슈뢰딩거방정식으로부터 유도된 수소원자의 전자에 대한 에너지이다.

$$E_n = \frac{\hbar^2}{2ma_0^2n^2} = \frac{13.6}{n^2}(\text{eV})$$

여기서 m은 핵의 질량을 고려한 전자의 유효질량을 나타내며, a_0는 전자의 보어반지름으로 0.529 Å 그리고 n은 주양자수를 각각 나타낸다. 이 결과는 보어가 수소원자 스펙트럼을 설명할 때 사용한 식과 똑같다. 슈뢰딩거방정식이 수소원자를 제대로 기술하고 있다는 사실이 이렇게 증명되었다.

이제 슈뢰딩거방정식의 세부적인 특징을 한번 살펴보자. 고전물리학에서는 한 번도 본 적이 없는 이상한 형태의 물리량을 만날 수 있다. 슈뢰딩거방정식을 다시 한번 찬찬히 살펴보면 항들 사이에 다음과 같은 대응관계를 발견할 수 있다.

$$\left[-\frac{\hbar^2}{2m}\frac{\partial^2}{\partial x^2}+V(x)\right]\psi=\left[\frac{p^2}{2m}+V(x)\right]\psi=E\psi=i\hbar\frac{\partial\psi}{\partial t}$$

$$\left[-\frac{\hbar^2}{2m}\frac{\partial^2}{\partial x^2}+V(x)\right]\psi=\left[\frac{p^2}{2m}+V(x)\right]\psi=\underbrace{E\psi}=\underbrace{i\hbar\frac{\partial\psi}{\partial t}}$$

화살표로 표시되어 있는 항들을 비교해보면 운동량과 에너지가 아래와 같이 이상한 형태의 식으로 표현되어 있다는 것을 알 수 있다. 고전물리학에서는 한 번도 본 적이 없는 모양이다.

$$p\rightarrow-i\hbar\frac{\partial}{\partial x},\ E\rightarrow i\hbar\frac{\partial}{\partial x}$$

운동량과 에너지가 슈뢰딩거방정식에서는 완전히 다른 형태로 바뀌어버렸다. 운동량과 에너지가 어떤 정해진 값이 아니라 위치와 시간에 대한 미분기호를 포함하고 있다. 미분기호는 순전히 미분연산을 하라는 수학적 표현으로 고전물리학적 관점에서의 물리량처럼 확정된 어떤 성질을 나타내는 것 같지는 않아 뭔가 석연치 않은 느낌이 든다. 그렇게 썩 내키지는 않지만 어쨌든 슈뢰딩거방정식에서는 미분기호들을 포함한 형태로 운동량과 에너지가 정의된다. p와 E에 포함되어 있는 미분기호들은 '무엇에 작용해서 미분을 하라.'는 의미를 담고 있기 때문에 슈뢰딩거방정식에서는 이런 기호들을 '연산자(operator)'라고 한다. 이와 같이 슈뢰딩거방정식에서 다루는 모든 물리량들은 그 각각에 대응되는 연산자를 가지며 이러한 연산자들은 다음과 같이 나타낸다. 문자 위에 모자를 씌워 표시하기 때문에 'p hat', 'E hat' 등으로 읽는다.

$$p\rightarrow\hat{p},\ E\rightarrow\widehat{H},\ x\rightarrow\hat{x}$$

연산자를 이용하면 다음과 같이 아주 간단하게 슈뢰딩거방정식을 나타낼 수 있다. 이 식이 바로 양자물리학을 대표하는 가장 중요한 방정식인 슈뢰딩거방정식이다.

$$\widehat{H}\psi=E\psi$$

여기서 ψ는 파동방정식을 풀어서 얻은 해로 '파동함수(wave function)'라고 한다. 일반적으로 파동방정식을 푼다는 것이 쉬운 과정은 아니지만 파동함수, ψ(psi: 프사이)를 얻기만 하면 물질파에 대한 모든 정보를 알 수 있다. 모든 물리적 정보가 ψ 속에 들어 있기 때문이다. 결국 슈뢰딩거방정식을 푼다는 것은 바로 ψ를 구하는 것이 된다. 뉴턴 운동방정식이 고전역학체계를 확립했다면 슈뢰딩거 파동방정식은 양자세계의 현상들을 설명할 수 있는 역학체계, 즉 '양자역학(quantum mechanics)'이라는 현대물리학 체계를 확립했다고 할 수 있다. 파인만(Richard Feynman)은 이 방정식이 다른 어떤 것들로부터 절대 유도될 수 없는 오직 슈뢰딩거의 천재적 직관력의 산물이라고 말했다. 슈뢰딩거방정식은 수소원자를 포함한 다양한 미시적 물리계의 양자현상들을 너무나 완벽하게 설명하였을 뿐만 아니라 최근까지도 나노세계를 포함한 전체 우주를 이해하는 데 없어서는 안 될 가장 강력한 방정식이 되었다. 슈뢰딩거는 '새로운 형태의 원자이론의 발견'에 대한 공로로 1933년 하이젠베르크와 함께 노벨물리학상을 공동으로 수상했다. 이제 물질파를 제대로 다룰 수 있는 정말 아름답고 멋진 도구가 마련이 된 셈이다. 그러나 여전히 우리에게는 많은 의문들이 남아 있다. 물질파를 기술할 수 있는 방정식은 가졌지만 실상 물질파가 어떻게 진동하고 있는지는 여전히 모호하다. 물질파라는 것이 무엇일까? 쇠구슬과 같은 딱딱한 물체가 요동치고 있다는 것을 상상할 수 있는가? 본 적도 없고 상상조차 할 수 없는 이러한 물질파를 일상적인 언어나 관념으로 표현할 수 있을지 의아하기만 하다. 과연 ψ의 실체는 무엇이란 말인가? 물질파에 대한 물음이 끝이 없다. 슈뢰딩거 시대의 많은 물리학자들에게도 이 문제는 정말 어려운 숙제이자 골칫거리였다. 물질파에 대한 요동의 실체는 무엇일까? 정말 무엇이 진동하는 것일까?

참고

1) **파동방정식의 유도:** $\dfrac{\partial^2 y}{\partial x^2} = \dfrac{1}{V^2}\dfrac{\partial^2 y}{\partial t^2}$

- 진폭: $y = y_0 \cos(kx - wt)$

- 위치 x에 대한 미분

$$\frac{\partial y}{\partial x} = y_0(-k\sin(kx - wt)), \quad \frac{\partial}{\partial x}\left(\frac{\partial y}{\partial x}\right) = \frac{\partial^2 y}{\partial x^2} = y_0(-k^2\cos(kx - wt)) = -k^2 y$$

- 시간 t에 대한 미분

$$\frac{\partial y}{\partial t} = y_0(-w\sin(kx - wt)), \quad \frac{\partial}{\partial t}\left(\frac{\partial y}{\partial t}\right) = \frac{\partial^2 y}{\partial t^2} = y_0(-w^2\cos(kx - wt)) = -w^2 y$$

- 위치와 시간에 대한 미분결과를 비교한 후 정리하면 다음과 같은 식을 얻을 수 있다.

$$-\frac{1}{k^2}\frac{\partial^2 y}{\partial x^2} = y = -\frac{1}{w^2}\frac{\partial^2 y}{\partial t^2} \quad \rightarrow \quad \therefore \frac{\partial^2 y}{\partial x^2} = \frac{k^2}{w^2}\frac{\partial^2 y}{\partial t^2} = \frac{1}{V^2}\frac{\partial^2 y}{\partial t^2}$$

따라서 $y = y_0\cos(kx - wt)$는 속력이 $V = w/k$인 파동에 대한 파동방정식을 만족하게 된다.

2) 고전적 파동과 물질파

- 실수로 표현한 물질파의 진폭: $\psi(x,\, t) = \psi_0\cos\left(\frac{p}{\hbar}x - \frac{E}{\hbar}t\right)$

일반적인 파동을 기술하는 이 식의 형태를 고스란히 물질파에 적용할 경우 어떻게 되는지 한번 살펴보도록 하자. 이 식은 최대진폭 ψ_0가 코사인함수 모양으로 진동하는 파동을 나타내며, 또한 이 식 속에는 '$\hbar = h/2\pi$'가 있어 'h'에 의해 대표되는 양자개념도 함께 포함되어 있다는 것을 알 수 있다.

- 위치 x에 대한 미분

$$\frac{\partial \psi}{\partial x} = \psi_0\left[-\frac{p}{\hbar}\sin\left(\frac{p}{\hbar}x - \frac{E}{\hbar}t\right)\right] = -\frac{p}{\hbar}\left[\psi_0\sin\left(\frac{p}{\hbar}x - \frac{E}{\hbar}t\right)\right]$$

$$\frac{\partial}{\partial x}\left(\frac{\partial \psi}{\partial x}\right) = \frac{\partial^2 \psi}{\partial x^2} = \psi_0\left[-\frac{p^2}{\hbar^2}\cos\left(\frac{p}{\hbar}x - \frac{E}{\hbar}t\right)\right] = -\frac{p^2}{\hbar^2}\psi$$

위 식의 양변에 $-\hbar^2/2m$을 곱한 뒤 운동에너지 $E = p^2/2m$을 이용하면 위 식은 다음과 같이 정리할 수 있다.

$$-\frac{\hbar^2}{2m}\frac{\partial^2 \psi}{\partial x^2} = \frac{p^2}{2m}\psi = E\psi$$

- 시간 t에 대한 미분

$$\frac{\partial \psi}{\partial t} = \psi_0\left[\frac{E}{\hbar}\sin\left(\frac{p}{\hbar}x - \frac{E}{\hbar}t\right)\right] = \frac{E}{\hbar}\left[\psi_0\sin\left(\frac{p}{\hbar}x - \frac{E}{\hbar}t\right)\right]$$

$$\frac{\partial}{\partial t}\left(\frac{\partial \psi}{\partial t}\right) = \frac{\partial^2 \psi}{\partial t^2} = \psi_0\left[-\frac{E^2}{\hbar^2}\cos\left(\frac{p}{\hbar}x - \frac{E}{\hbar}t\right)\right] = -\frac{E^2}{\hbar^2}\psi$$

위치와 시간 각각에 대해 2번 미분한 결과를 비교해보면 시간 항에 포함된 E^2 때문에 기존의 파동방정식 형태를 얻을 수가 없다는 것을 알 수 있다.

3) 복소함수를 이용한 물질파의 진폭: $\psi(x,\,t) = \psi_0 \exp[i(px - Et)/\hbar]$

- 위치 x에 대한 미분

$$\frac{\partial \psi}{\partial x} = \psi_0 \left[\frac{ip}{\hbar} \, e^{i(px-et)/\hbar} \right]$$

$$\frac{\partial}{\partial x}\left(\frac{\partial \psi}{\partial x}\right) = \frac{\partial^2 \psi}{\partial x^2} = \psi_0 \left[-\frac{p^2}{\hbar^2} \, e^{i(px-Et)/\hbar} \right] = -\frac{p^2}{\hbar^2} \, \psi$$

위 식의 양변에 $-\hbar^2/2m$을 곱한 뒤 운동에너지 $E = p^2/2m$을 이용하면 위 식은 다음과 같이 정리할 수 있다.

$$-\frac{\hbar^2}{2m}\frac{\partial^2 \psi}{\partial x^2} = \frac{p^2}{2m}\,\psi = E\psi$$

- 시간 t에 대한 미분

$$\frac{\partial \psi}{\partial t} = \psi_0 \left[-\frac{iE}{\hbar}\, e^{i(px-Et)/\hbar} \right] = -\frac{iE}{\hbar}\,\psi$$

위 식의 양변에 $-\hbar/i$을 곱한 뒤 정리하면 다음과 같다.

$$-\frac{\hbar}{i}\frac{\partial \psi}{\partial t} = i\hbar\frac{\partial \psi}{\partial t} = E\,\psi$$

위치에 대해서 2번 미분한 결과와 시간에 대해서 1번 미분한 결과를 비교해보면 다음과 같은 방정식을 얻을 수 있는데, 이것이 바로 슈뢰딩거 파동방정식이다.

$$-\frac{\hbar^2}{2m}\frac{\partial^2 \psi}{\partial x^2} = \frac{p^2}{2m}\,\psi = E\psi = i\hbar\frac{\partial \psi}{\partial t}$$

만약 위치에너지를 포함한 일반적인 경우에 슈뢰딩거 파동방정식은 다음과 같이 주어진다.

$$-\frac{\hbar^2}{2m}\frac{\partial^2 \psi}{\partial x^2} + V(x)\,\psi = \left(\frac{p^2}{2m} + V(x)\right)\psi = E\,\psi = i\hbar\frac{\partial \psi}{\partial t}$$

CHAPTER 09

하이젠베르크의 행렬역학
(Heisenberg's Matrix Mechanics)

　1926년 슈뢰딩거는 드브로이 물질파를 설명할 수 있는 새로운 형태의 파동방정식을 완성했으며 이 방정식의 풀이로부터 수소원자 스펙트럼 문제를 완전히 해결할 수 있었다. 슈뢰딩거방정식의 또 다른 성공은 수소원자 문제를 풀이하는 과정에서 '양자화 조건'들이 자연스럽게 유도된다는 것이다. '양자화(quantization)'란 어떤 물리량이 불연속적인 값만 가질 수 있도록 제한하는 것을 말한다. 슈뢰딩거방정식을 이용하여 수소원자 문제를 풀어보면 전자가 가질 수 있는 각운동량과 에너지가 자연스럽게 양자화되는 것을 발견할 수 있다. 슈뢰딩거방정식이 발표되기 이전에는 대부분의 양자화 조건들이 거의 근거 없는 가설에 지나지 않았다. 보어가설이 그 대표적인 예인데 결국 슈뢰딩거방정식을 통해 보어가 제안한 전자궤도의 양자화 조건 역시 이론적으로 유도되었던 것이다. 슈뢰딩거 파동방정식의 대성공이었다. 그런데 슈뢰딩거방정식이 발표되기 1년 전인 1925년 하이젠베르크(Heisenberg)는 '행렬역학(matrix mechanics)'을 발표하게 되는데 슈뢰딩거의 파동역학과는 완전히 다른 이론체계였다. 하지만 이들 두 역학체계가 겉으로는 다르게 보일지 모르지만 실질적으로는 같은 이론의 다른 표현이라는 사실이 슈뢰딩거에 의해 이내 밝혀졌다. 그 이후로 이 두 이론을 통틀어 '양자역학(quantum mechanics)'이라 하며, 마침내 두 사람은 양자역학의 이론적 체계를 완성한 공로로 1932년 노벨상을 수상했다. 그럼 슈뢰딩거의 파동역학에 대비되는 하이젠베르크의 행렬역학은 또 어떤 것인지 지금부터 한번 살펴보도록 하자.

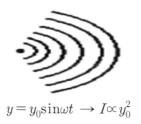

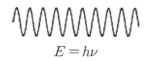

$$E = h\nu$$

$$y = y_0 \sin\omega t \ \rightarrow \ I \propto y_0^2$$

그림 9.1 고전적인 빛과 양자역학적인 빛.

하이젠베르크가 관심을 가진 문제는 바로 이것이다. 보어가 제안한 양자가설이 안고 있는 본질적인 문제에 관한 것인데, 전자들이 어떠한 확률을 가지고 두 정상상태 사이를 옮겨 다니는지, 그리고 어떤 진동수를 가진 빛이 많이 방출되고 적게 방출되는지 등에 관한 것이었다. 예를 들어 보라색 빛이 많이 방출되기 위해서는 이 에너지에 대응되는 두 정상상태 사이의 천이확률이 아주 높아야 되는데 그 당시에는 이런 확률을 결정하는 요인이 무엇인지 전혀 알려진 바가 없었다. 결국 이 문제는 수소원자 스펙트럼의 빛의 밝기를 결정하는 문제로 귀결된다. 고전물리학에서처럼 빛을 파동으로 취급할 경우에는 '진폭(amplitude)'을 이용하면 빛의 밝기를 쉽게 구할 수 있다. 그런데 보어의 양자가설에 등장하는 빛은 불연속적인 에너지양자 '$h\nu$'를 가진 존재이기 때문에 연속적인 에너지를 가진 일반적인 빛의 개념을 양자역학적인 빛에 적용할 수가 없다. 그림 9.1을 보면 고전물리학적으로 파동인 빛과 양자역학적인 빛의 에너지가 어떻게 정의되는지를 알 수 있다.

파동으로 취급되는 고전적인 빛은 에너지가 연속적으로 퍼져나가면서 진행하는 반면에 양자역학적인 빛의 에너지는 퍼지지 않고 덩어리 형태로 진행한다. 그렇기 때문에 두 진영에서의 빛은 완전히 다른 존재라고 할 수 있다. 진폭이 $y = y_0 \sin\omega t$인 빛의 세기, 즉 파동인 빛의 에너지는 $I \propto E \propto y_0^2$와 같이 최대진폭($y_0$)의 제곱에 비례하지만 양자역학적인 빛의 에너지는 $E \propto \nu$와 같이 진동수에 의해서만 결정된다. 양자역학적인 빛에는 진폭이라는 개념이 없기 때문에 '빛의 세기'라는 개념을 사용할 수가 없다. 분명 똑같은 빛인데 고전물리학적 관점과 양자역학적 관점이 서로 달라 두 영역에서 사용하는 개념을 공유할 수가 없다. 그럼 진폭에 대응되는 양자역학적 개념은 과연 무엇일까?

그림 9.2는 전자가 1개 떨어질 때(a)와 3개가 떨어질 때(b)의 빛의 세기를 각각 나타낸다. 그림 9.2에서 위의 두 그림은 에너지양자 $h\nu$를 방출하는 양자역학적 천이과정을 묘사해 놓은 것이고 아래 그림은 고전물리학적 관점에서의 빛의 세기를 나타낸다. 두 그림을

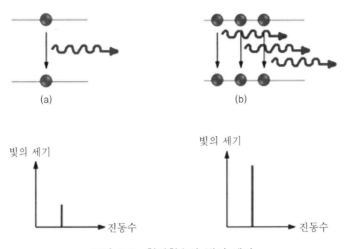

그림 9.2 천이횟수와 빛의 세기.

비교해보면 천이횟수가 많을수록 빛의 세기도 함께 증가하는 것을 볼 수 있다. 뭔가 해결의 실마리가 보이는 것 같지만 실상 위의 두 그림과 아래 두 그림 사이에는 아무런 물리적 연관성이 없다. 왜냐하면 위의 그림은 양자역학적 개념을 기초로 그려졌지만 아래 그림은 고전물리학적 개념을 기초로 얻은 결과이기 때문이다. 어떻게 하면 둘 사이의 연관성을 찾을 수 있을까? 둘 사이의 연결고리만 찾을 수 있다면 문제는 쉽게 해결될 것 같다. 고전물리학과 양자역학 사이에 놓여 있는 연결고리를 찾아야만 한다. 이 연결고리가 서로 다른 두 영역을 하나로 통합할 수 있는 과학적 근거가 될 것이다. 하이젠베르크는 이 연결고리를 찾기 위해 보어가 제안한 대응원리를 이용했다. 대응원리에 따르면 양자수가 무한히 커지는 거시적인 극한에서는 양자이론의 결과가 고전이론의 결과와 근사적으로 같아지게 된다. 이런 극한 상황에서 두 세계는 연속적인 전이과정을 거치면서 하나로 통합될 수 있을 것이다.

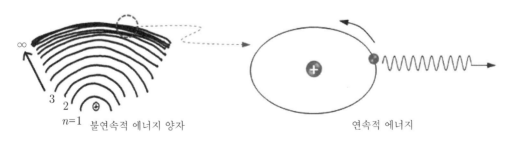

그림 9.3 n이 아주 큰 극한에서 양자세계와 고전물리학적 세계의 근사적 일치.

그림 9.3을 보면 이 상황을 좀 더 쉽게 이해할 수 있다. 보어의 원자모형에서 주양자수 n이 아주 큰 극한에서는 두 정상상태 사이의 에너지 차이가 거의 무시할 수 있을 정도로 작아진다. 따라서 n이 아주 클 경우에는 근사적으로 두 궤도를 거의 하나로 취급할 수 있게 된다. 결국 두 정상상태 사이의 천이를 통해 방출되는 복사선의 진동수는 마치 이 에너지에 해당하는 하나의 궤도를 돌고 있는 전자의 진동수와 근사적으로 같아진다. 이때 전자가 방출하는 빛은 고전적인 파동이 된다. 대응원리를 통해 불연속적인 에너지 덩어리를 가진 보어의 빛이 결국 연속적인 에너지를 가진 고전적인 빛으로 해석할 수 있게 되었다. 이제 양자역학적인 빛을 고전물리학적으로 해석할 수 있는 길이 열렸다. 대응원리를 통해 그림 9.3의 두 영역은 하나로 통합되었다. 즉, 양자역학적 천이확률과 고전물리학적 빛의 진폭을 함께 사용하여 빛의 세기를 직접 해석할 수 있게 되었다. 또한 하이젠베르크는 대응원리를 근거로 하여 원자로부터 방출되는 빛의 밝기와 전자들이 어떤 궤도와 궤도 사이를 이동하면서 빛을 방출하는지를 계산하기 위하여 고전물리학에서 다루는 물리량이나 수식체계를 미시세계에 고스란히 적용할 수 있게 되었다.

이제 수소원자의 스펙트럼을 다시 한번 살펴보자. 아래 주어진 식은 수소원자 스펙트럼에 대한 리드버그공식을 나타내며, n과 m은 전자가 두 정상상태 사이를 천이하는 과정에서 초기상태와 최종상태에 할당된 양자수로 $n > m$이며, R은 리드버그상수를 나타낸다.

$$\frac{1}{\lambda} = R\left(\frac{1}{m^2} - \frac{1}{n^2}\right)$$

빛을 방출할 수 있는 두 정상상태의 조합, 즉 m과 n의 가능한 조합의 수는 무수히 많기 때문에 이들을 일일이 열거하는 것은 쉬운 일이 아니다. 예를 들어 2→1로 천이하는 과정을 ⟨2|1⟩처럼 표시하기로 하면 ⟨3|1⟩, ⟨4|1⟩, ⟨5|1⟩, ⟨3|2⟩, ⟨4|2⟩, …… 등과

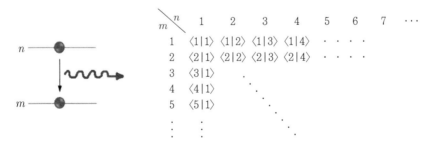

그림 9.4 m과 n의 조합, ⟨$m|n$⟩.

같이 무수히 많은 천이과정이 존재할 것이다. 이렇게 많은 천이과정을 일일이 열거하기보단 두 양자수의 배열을 이용하여 아래와 같이 나타내보면 어떨까?

그림 9.4는 마치 $(m \times n)$행렬과 같은 표현이다. 행렬은 수들의 배열을 이용하여 방정식을 풀이하는 수학적 방법으로 일반적인 수들과 달리 행렬연산이라는 규칙에 따라 연산이 수행된다. 행렬은 아래와 같이 '(행의 수 $\times$ 열의 수) = $(m \times n)$'으로 나타낼 수 있다.

(a) 2×3 (b) 3×2 (c) 3×3

$$\begin{pmatrix} 1 & 2 & 3 \\ 2 & 2 & 4 \end{pmatrix} \qquad \begin{pmatrix} 1 & 2 \\ 2 & 3 \\ 3 & 5 \end{pmatrix} \qquad \begin{pmatrix} 1 & 2 & 3 \\ 4 & 5 & 6 \\ 7 & 8 & 9 \end{pmatrix}$$

n과 m의 경우의 수가 같을 경우에는 위의 (c)와 같이 행의 수와 열의 수가 같은 정방행렬로 나타낼 수 있다. 하이젠베르크의 행렬 속에는 그림 9.4처럼 전자들이 빛을 방출할 수 있는 모든 경우의 천이과정을 포함하고 있으며 또한 방출된 빛의 세기에 대한 정보도 함께 포함하고 있다. 그러나 정작 하이젠베르크 자신은 행렬을 사용하지 않았으며, 이 이론체계가 행렬연산과 같은 수학체계라는 사실은 막스 보른(Max Born)에 의해 후에 밝혀지게 된다. 전자는 높은 궤도에서 낮은 궤도로 그리고 낮은 궤도에서 높은 궤도로도 이동할 수 있기 때문에 스펙트럼을 정확하게 해석하기 위해서는 이 모든 가능성, 즉 $\langle m | n \rangle$과 그 역과정인 $\langle n | m \rangle$ 모두를 고려해야만 한다. 이 과정들 역시 행렬로 표현할 수 있으며 연속적으로 일어나는 두 천이과정은 두 행렬의 곱으로 나타낼 수 있다. 그리고 그 역과정에 의한 천이과정은 두 행렬의 순서를 뒤바꿔서 연산하게 된다. 결국 하이젠베르크는 보어의 대응원리를 바탕으로 수소원자로부터 방출되는 빛의 스펙트럼을 고전물리학적으로 해석할 수 있게 되었다. 이때 사용한 연산체계가 행렬과 같았기 때문에 하이젠베르크의 양자이론을 '행렬역학'이라고 한다. 행렬역학의 또 다른 중요한 특징으로는 양자역학에서 다루는 모든 물리량들이 행렬로 표현된다는 것이다. 어떤 물리량이 행렬로 묘사된다는 것은 고전물리학적으론 잘 이해되지 않는다. 위치, 속도, 힘, 에너지, 일과 같은 물리량들이 행렬로 표현될 아무런 이유가 없기 때문이다. 왜냐하면 어떤 물체의 위치를 이야기할 때 우리는 하나의 좌표값으로 그 물체의 위치를 완전히 정할 수 있는데 만약 위치가 2×2행렬로 기술된다면 위치가 4개의 값을 가지게 되는 것이다. 당장 고전물리학적 인과율에 위배된다는 것을 알 수 있다. 물체는 여기 아니면 저기에 분명히 존재해야 되는데

네 곳 중 어딘가에 있게 된다. 결국 물리량들이 행렬로 기술된다는 것은 고전물리학의 특성인 인과율과 달리 양자세계에서는 모든 물리량들이 확률로 결정된다는 의미를 내포하고 있는 것이다. 이러한 양자세계의 본질은 아마도 입자-파동 이중성 때문이 아닌가 싶다. 슈뢰딩거는 파동방정식으로 그리고 하이젠베르크는 행렬역학으로 그렇게 서로 다른 이론체계를 이용하여 이중성을 해결하였던 것이다. 행렬역학에서 물리량들이 어떻게 연산되는지 간단한 예를 통해 한번 살펴보자.

일반적으로 두 물리량의 곱은 $AB = BA$나 $1 \times 2 = 2 \times 1$처럼 언제나 교환법칙이 성립한다. 이것이 우리가 익히 잘 알고 있는 물리량들의 특징이다. 그런데 하이젠베르크의 행렬역학에서 취급하는 물리량들은 교환법칙을 만족하지 않는데 그 이유는 바로 행렬로 표현되어 있기 때문이다. 행렬의 이러한 특성을 회전운동을 이용하여 한번 알아보자. 그림 9.5와 같이 정사각형 물체의 회전과 반사를 행렬을 이용하여 한번 표현해보자. 그리고 두 행렬의 곱도 한번 계산해보자.

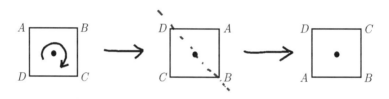

그림 9.5 정사각형 회전.

그림 9.5에서 사각형의 각 모서리에 해당하는 상태들 A, B, C, D는 열벡터로 표시되며, 시계방향으로 90도 회전한 뒤에 얻은 사각형 모서리의 상태들은 D, A, B, C로 바뀌었다. 그런 다음 다시 대각선 $\overline{DB}$에 거울을 놓고 반사시키면 A와 C가 반대방향의 모서리로 이동하게 되고 결국 사각형 모서리의 상태는 D, C, B, A가 된다.

$ABCD$를 $DABC$로 회전변환시키기 위해서는 정사각형 형태의 (4×4) 정방행렬이 필요하다.

$$\begin{pmatrix} A \\ B \\ C \\ D \end{pmatrix} \xrightarrow{\text{회전}} \begin{pmatrix} D \\ A \\ B \\ C \end{pmatrix} \xrightarrow{\text{반사}} \begin{pmatrix} D \\ C \\ B \\ A \end{pmatrix}$$

다음과 같이 정방행렬을 정의한 다음 행렬의 연산규칙에 따라 곱해보면 시계방향으로

90도 회전한 정사각형을 얻을 수 있다.

$$\begin{pmatrix} 0 & 0 & 0 & 1 \\ 1 & 0 & 0 & 0 \\ 0 & 1 & 0 & 0 \\ 0 & 0 & 1 & 0 \end{pmatrix}\begin{pmatrix} A \\ B \\ C \\ D \end{pmatrix} \xrightarrow{\text{회전}} \begin{pmatrix} D \\ A \\ B \\ C \end{pmatrix}$$

$DABC$ 상태로부터 $DCBA$ 상태를 얻기 위해서는 또 다른 변환행렬이 필요한데, 다음과 같은 정방행렬을 정의한 다음 다시 계산을 해보면 A와 C가 서로 교환되면서 반사변환이 완성되었다는 것을 알 수 있다.

$$\begin{pmatrix} 1 & 0 & 0 & 0 \\ 0 & 0 & 0 & 1 \\ 0 & 0 & 1 & 0 \\ 0 & 1 & 0 & 0 \end{pmatrix}\begin{pmatrix} D \\ A \\ B \\ C \end{pmatrix} \xrightarrow{\text{반사}} \begin{pmatrix} D \\ C \\ B \\ A \end{pmatrix}$$

이와 같이 (4×4)개의 원소들로 이루어진 2개의 정방행렬을 $ABCD$ 상태에 연속적으로 연산을 하면 결국 $DCBA$ 상태를 얻을 수 있다. 결국 $DCBA$ 상태는 다음과 같이 두 정방행렬의 곱으로 완성되며 연산 후에는 하나의 행렬로도 이 변환을 완성할 수 있다.

$$\begin{pmatrix} 1 & 0 & 0 & 0 \\ 0 & 0 & 0 & 1 \\ 0 & 0 & 1 & 0 \\ 0 & 1 & 0 & 0 \end{pmatrix}\begin{pmatrix} 0 & 0 & 0 & 1 \\ 1 & 0 & 0 & 0 \\ 0 & 1 & 0 & 0 \\ 0 & 0 & 1 & 0 \end{pmatrix}\begin{pmatrix} A \\ B \\ C \\ D \end{pmatrix} = \begin{pmatrix} 0 & 0 & 0 & 1 \\ 0 & 0 & 1 & 0 \\ 0 & 1 & 0 & 0 \\ 1 & 0 & 0 & 0 \end{pmatrix}\begin{pmatrix} A \\ B \\ C \\ D \end{pmatrix} = \begin{pmatrix} D \\ C \\ B \\ A \end{pmatrix}$$

위 두 행렬의 순서를 바꾸면 결과는 어떻게 될까? 즉, 반사조작을 먼저 한 다음 90도 회전을 시켜보자. 그럼 두 행렬의 순서도 뒤바뀌게 된다. 아래의 결과를 보면 이전과 다르다는 것을 알 수 있다. 비록 같은 조작이지만 두 행렬을 곱하는 순서가 달라지면 결과도 달라진다는 것을 알 수 있다. 두 행렬의 곱이 일반적인 수들의 곱과 다르기 때문에 나타나는 결과이다.

$$\begin{pmatrix} 0 & 0 & 0 & 1 \\ 1 & 0 & 0 & 0 \\ 0 & 1 & 0 & 0 \\ 0 & 0 & 1 & 0 \end{pmatrix}\begin{pmatrix} 1 & 0 & 0 & 0 \\ 0 & 0 & 0 & 1 \\ 0 & 0 & 1 & 0 \\ 0 & 1 & 0 & 0 \end{pmatrix} = \begin{pmatrix} 0 & 1 & 0 & 0 \\ 1 & 0 & 0 & 0 \\ 0 & 0 & 0 & 1 \\ 0 & 0 & 1 & 0 \end{pmatrix} \neq \begin{pmatrix} 0 & 0 & 0 & 1 \\ 0 & 0 & 1 & 0 \\ 0 & 1 & 0 & 0 \\ 1 & 0 & 0 & 0 \end{pmatrix}$$

하이젠베르크의 양자역학에 등장하는 물리량들은 위에서 살펴본 행렬들의 곱과 같이 서로 교환되지 않는 특성을 가지고 있다. 그렇기 때문에 고전물리학에서는 위치와 운동량의 곱이 항상 $xp - px = 0$을 만족하지만 행렬역학에서는 위치와 운동량이 행렬로 표현되기 때문에 $[x][p] - [p][x] \neq 0$로 위치와 운동량이 서로 교환되지 않는다는 것을 알 수 있다. 이 결과는 하이젠베르크가 '불확정성원리(uncertainty principle)'를 발견하는 데 있어 가장 중요한 관계식이 된다. 위에서 본 사각형 모서리의 상태 A, B, C, D를 물질파의 위치라고 가정해보자. 그럼 물질파의 위치는 입자처럼 하나의 값으로 정확하게 정의할 수 없기 때문에 A에 있을 수도, B에, C에 아니면 D에 있을 수도 있을 것이다. 그렇기 때문에 물질파의 위치는 4가지 상태들(A, B, C, D) 중의 한 상태 또는 이 상태들의 중첩에 의해 결정되는 어느 곳으로 결정될 것이다. 물질파의 위치가 한 곳이 아닌 여러 곳에 걸쳐 있을 수 있기 때문에 이 상태들을 효과적으로 표현하기 위한 수학적 방법이 바로 행렬이다. 이와 같이 하이젠베르크의 행렬역학에서는 위치를 포함한 모든 물리량들이 행렬로 표현된다. 슈뢰딩거방정식은 연산자를 이용해서 $\hat{H}\psi = E\psi$와 같이 나타낼 수 있다. 이 식을 하이젠베르크의 행렬역학으로 한번 표현해보도록 하자. 앞에서 언급했듯이 행렬역학에서는 모든 물리량들이 행렬로 취급된다. 따라서 $\hat{H}$, E, ψ는 모두 행렬로 표현되며, 슈뢰딩거방정식은 다음과 같은 행렬식으로 표현할 수 있다. 슈뢰딩거방정식과 비교해보면 $[\hat{H}]$는 측정이 가능한 물리량을 나타내며, $[\psi]$는 파동함수 그리고 $[E]$는 측정결과에 대응되는 물리량을 나타낸다.

$$\begin{pmatrix} H_{11} & H_{12} & H_{13} \\ H_{21} & H_{22} & H_{23} \\ H_{31} & H_{32} & H_{33} \end{pmatrix} \begin{pmatrix} \psi_1 \\ \psi_2 \\ \psi_3 \end{pmatrix} = \begin{pmatrix} E_{11} & 0 & 0 \\ 0 & E_{22} & 0 \\ 0 & 0 & E_{33} \end{pmatrix} \begin{pmatrix} \psi_1 \\ \psi_2 \\ \psi_3 \end{pmatrix}$$

이렇게 표현된 행렬식을 '고유치방정식(eigenvalue equation)'이라 하며, 에너지 연산자인 헤밀토니안 $\hat{H}$에 대응되는 고유에너지 E를 결정하는 방정식이기 때문에 '고유치문제 (eigenvalue problem)'라고도 한다. E를 나타내는 행렬에서 대각선 행렬을 제외한 나머지 항들은 여러 상태들의 조합에 의해 결정되는데 이 경우 모두 0으로 표시되어 있는 이유는 여러 상태들이 얽혀 있는 그런 에너지는 존재하지 않는다는 것을 의미한다. 즉, H_{12}나 H_{13}에 대응되는 에너지가 존재하지 않는다는 것이다. 그리고 ψ는 계의 상태를 나타내는 함수로 세 가지 고유상태가 존재한다는 것을 의미하며 '고유벡터(eigenvector)'라고도 한다. 고유벡터 ψ는 앞에서 살펴본 사각형의 회전에서 모서리에 할당된 상태들 즉 A, B, C, D와 같은 의미를 가진다고 생각할 수 있다. 슈뢰딩거방정식과는 그 형태가 완전히 다르지만 행렬식으로 표현된 고유치방정식의 풀이결과는 정확히 파동방정식의 그것과 일치한다. 이제 우리는 양자역학의 양대 산맥인 파동역학과 행렬역학을 모두 만나봤다.

왜 양자세계에선 물리량들이 하나의 값을 가지지 못할까? 파동역학에서는 양자역학적 입자들이 물질파로 취급되며, 행렬역학에서는 양자역학적 입자들의 상태가 여러 요소들로 구성된 행렬로 표현된다. 왜 양자역학적 세계는 인과율이 아닌 확률을 더 좋아하는지 독자들도 이제는 어느 정도 짐작할 수 있을 것 같다.

CHAPTER 10
파동함수의 실체(Nature of Wave Function)

 파동함수는 입자-파동 이중성을 가진 물질파의 거동을 기술하는 슈뢰딩거방정식의 가장 핵심적인 개념이다. 파동함수는 운동량과 에너지를 포함하고 있으며 진동특성을 나타내는 복소함수로 정의된다. 슈뢰딩거방정식을 푼다는 것은 파동함수와 특정 연산자에 대응되는 물리량을 결정하는 것과 같다. 예를 들어 $\hat{H}\psi = E\psi$와 같은 슈뢰딩거방정식을 푼다는 것은 이 방정식을 만족하는 파동함수 ψ와 연산자 $\hat{H}$에 대응하는 고유에너지 E를 구하는 것과 같다. $\hat{H}$ 외에도 $\hat{x}$나 $\hat{p}$에 대한 고유치를 구할 수도 있다. 슈뢰딩거는 파동함수 ψ를 이용해서 전자가 가질 수 있는 에너지를 계산하여 수소원자 스펙트럼 문제를 말끔히 해결했다. 그런데 슈뢰딩거방정식이 안고 있는 본질적인 문제가 발견된 것이다. 파동함수 ψ를 이용해서 우리가 원하는 물리량들은 모두 얻을 수 있는데 정작 파동함수 그 자체가 무엇을 의미하는지 명확하지 않았던 것이다. 왜냐하면 파동함수는 물질파의 진동을 묘사하는 함수인데 파동함수가 실제로 묘사하고 있는 진동이라는 것이 정확히 물질파의 어떤 특성을 나타내는지 모르기 때문이다. 물질파는 입자의 양자역학적 버전인데 입자가 진동한다고 할 때 과연 그 진동의 실체가 무엇인지 모호하기 때문이다. 슈뢰딩거를 비롯한 수많은 학자들이 파동함수의 실체를 찾기 위한 긴 여정 길에 올랐다. 철학자들도 이 행렬에 가세했다. 과연 물질파는 무엇이 진동하는 것일까?

 그림 10.1은 고전적인 파동과 파동의 진폭 그리고 입자-파동 이중성을 가진 물질파와 파동함수를 나타낸다. 고전적인 파동의 진폭은 매질의 출렁이는 정도 또는 전기장이나

$$y = y_0\cos(kx - \omega t)$$

$$\psi = \psi_0\, e^{i(px - Et)/\hbar}$$

그림 10.1 고전적인 파동과 입자-파동 이중성을 가진 물질파.

자기장의 크기가 변하는 정도를 나타내는 물리량들이기 때문에 실제로 측정이 가능한 것들이다. 그렇다면 물질파를 기술하는 파동함수 ψ도 직접 측정이 가능한 물리량일까? 측정이 가능하다면 파동함수는 물질파의 무엇을 나타내는 걸까? 미시세계의 입자에 대응되는 양자역학적 존재가 물질파이기 때문에 물질파를 기술하는 파동함수는 입자 자체의 출렁거림이나 입자가 가진 어떤 성질들의 출렁거림을 대표하는 물리량으로 해석하는 것이 가장 자연스러운 접근이 아닌가 싶다. 먼저 파동함수를 파동의 진폭처럼 해석해보자. 출렁이는 매질을 통해 에너지를 전달하는 파동처럼 입자 자체의 출렁거림을 물질파로 해석하면 파동함수는 바로 물질파의 진폭이 된다. 이전 글에서 여러 번 언급했지만 딱딱한 쇠구슬이 물결처럼 출렁일 수 없다는 것은 너무나도 자명한 사실이기 때문에 물질파가 입자 자체의 진동이라는 주장은 좀처럼 받아들이기 힘든 주장이다. 어쩌면 억측에 더 가까울지도 모르겠다. 따라서 이와 같은 주장은 상식선에서 배제되어야 한다. 이번에는 파동함수를 전기장이나 자기장처럼 어떤 역장(force field)의 진폭으로 한번 해석해보자. 조금 전에 살펴봤듯이 입자 자체의 진동으로는 파동함수를 해석할 수 없기 때문에 입자가 가진 성질들, 즉 질량이나 전하와 같은 성질들 중에서 하나를 선택하여 물질파에 대응시켜 보자. 만약 전하를 물질파로 선택하게 되면 입자 자체는 가만히 있는데 입자의 성질인 '전하'는 파동처럼 계속 진동해야만 한다. 정말 묘한 상황이라 상식적으론 절대 이해할 수 없지만 이러한 해석의 결과가 우리의 경험과 잘 맞는지 우선 확인해보는 것이 중요하다. 이제 파동함수는 전하가 출렁이는 정도를 나타내는 진폭에 대응되며, 파동함수는 그림 10.1과 같이 넓은 공간에 퍼져 있게 된다. 따라서 파동함수가 존재하는 공간에는 어김없이 전하도 존재해야만 한다. 이제 우리가 다루고 있는 입자가 전자라고 하자. 전자는 최소전하량을 가진 입자다. 최소전하량이 존재하기 때문에 우리들이 얻을 수 있는 전하량은 전자가 가진 전하량의 정수배에 해당하는 값들만 가능하다. 이것을 '전하량은 양자화 (quantization)되어 있다.'라고 한다. 전자가 가진 전하가 그림 10.1의 오른쪽에 있는 물질파처럼 진동하고 있다면 전하는 넓은 영역에 퍼져 있게 된다. 전하가 한 곳에 집중되어 있지 않고 퍼져 있다는 것은 전자가 가진 전하가 여러 부분으로 잘게 나눠져 있다는 것을 의미한다. 이게 무슨 뜻인가? 전자가 가진 전하량이 최소전하량인데 전자의 전하가 여러 부분으로 나눠질 수 있다는 것은 전자가 가진 전하량이 더 이상 최소전하량이 아니라는 것을 의미한다. 전하를 물질파로 대응시켜 파동함수로 해석할 경우 '최소전하량'과도 모순되고 '전하량의 양자화'도 붕괴되기 때문에 이러한 해석도 역시 물질파를 제대로 설명하지 못한다는 것을 알 수 있다. 결론적으로 파동함수를 실제로 존재하는 어떤 물리적인 성질의 진동으로 해석할 경우에는 그 결과가 기존의 과학적 상식과 너무나 동떨어져 있기 때문에 이러한 해석들은 더 이상 설 자리가 없음을 알 수 있다. 과연 파동함수의 실체는 무엇이며, 우리는 이것을 어떻게 해석해야 할까?

슈뢰딩거 자신은 파동함수를 어떻게 해석했을까? 지금까지 살펴본 내용들이 슈뢰딩거가 생각한 파동함수였다. 슈뢰딩거는 파동함수가 물질파의 실제모습을 기술한다고 주장했다. 앞에서 살펴본 이러저러한 이유들 때문에 슈뢰딩거의 주장은 많은 난관에 부딪쳤으며 이내 역사의 뒤안길로 사라지게 되었다. 결국 슈뢰딩거의 주장은 보어와 하이젠베르크 그리고 본을 주축으로 하는 '코펜하겐학파의 해석(Copenhagen interpretation)'으로 대체되는데 현재까지 파동함수를 해석하는 표준이 되고 있다. 이 해석에 따르면 파동함수는 입자가 어떤 상태에 있을 '확률의 진폭'을 그리고 파동함수의 제곱은 입자가 어떤 위치에서 발견될 수 있는 즉, 관측될 수 있는 '확률밀도'를 나타낸다. 코펜하겐학파는 우리가 직접 관찰하지 않는 대상에 대해서 논의하는 것은 전혀 의미가 없으며 측정을 통해서만 주어진 대상에 대한 물리적 정보를 얻을 수 있는데 이 정보는 오직 파동함수를 통해 확률로서만 결정될 수 있다고 주장하였다. 결국 파동함수로부터 얻을 수 있는 물리적 정보는 '확률'뿐이라는 것이 코펜하겐학파의 해석이다. 양성자나 전자와 같은 양자역학적 입자들을 묘사하는 파동함수를 $\psi(x, t)$라고 하자. 이 입자들은 질량과 전하를 가지고 있기 때문에 코펜하겐학파의 해석에 따라 t라는 시간에 x라는 위치에서 질량(m)과 전하(e)를 측정했을 때 얻을 수 있는 결과는 오직 '질량 × 확률밀도'와 '전하 × 확률밀도'뿐이다.

$$m|\psi(x, t)|^2, \; e|\psi(x, t)|^2$$

어떤 물리량을 측정했을 때 그 결과를 확률로만 알 수 있다는 의미는 측정 전에는 다양한 확률을 가지고 존재하다가 측정을 하는 순간 어떤 정해진 확률로 결정된다는

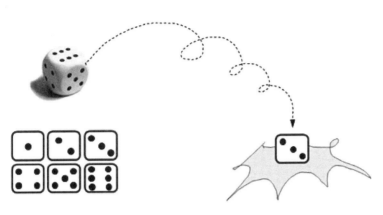

그림 10.2 주사위를 던지기 전(측정 전)과 후(측정 후).

것이다. 따라서 파동함수는 물리계의 상태가 시간에 따라 어떤 확률로 변해갈 것인지에 대한 정보를 제공한다고 볼 수 있다. 그림 10.2를 한번 살펴보자.

만약 파동함수가 주사위의 상태를 나타낸다고 하면 주사위를 던지기 전에는 파동함수는 각 면에 해당하는 개개 상태들에 해당하는 정보를 모두 가지고 있을 것이다. 하지만 주사위를 던진 후에는 그림처럼 '3'이라는 숫자로 상태가 결정될 것이다. 이때 3은 '1/6'이라는 확률을 가지고 측정된 실제 물리량이라고 할 수 있다. 결국 파동함수의 제곱은 3이라는 숫자를 얻을 수 있는 확률에 대한 정보를 제공하게 된다. 주사위를 던지는 행위는 '측정'과 같다. 여기서 알 수 있는 또 한 가지 특징은 측정(주사위 던지기)을 하기 전에는 주사위의 각 면이 나올 확률은 모두 같지만 측정 후에는 3이라는 상태를 제외한 나머지 상태들은 모두 사라지게 된다. 즉, 측정을 하자마자 주사위의 여러 가능한 상태들을 모두 포함하고 있었던 파동함수는 하나의 면에 해당하는 상태만을 가진 파동함수로 결정되어버리는데 우리는 이것을 '파동함수의 붕괴'가 일어났다고 한다. 코펜하겐학파의 해석을 정리해보면 어떤 주어진 시스템은 측정 전에는 여러 가능한 양자상태들이 얽힌 파동함수로 기술되지만 측정 후에는 이 시스템은 하나의 양자상태로 결정되면서 이 시스템을 기술하는 파동함수도 변하게 된다는 것이다. 이제 우리는 파동함수를 '확률의 진폭'으로 그리고 파동함수의 제곱을 '확률밀도'로 해석하는 코펜하겐학파의 주장에 따라 양자역학적 세계를 이해할 수 있게 되었다. 확률의 중심에는 관측자와 관측되는 대상이 있다. 관측되는 대상은 우리가 관심을 가지는 물리계가 되며 이것을 제외한 나머지 모두는 관측자가 된다. 관측자와 물리계 사이의 상호작용을 '측정(measurement)'이라고 하며, 측정 가능한 물리량을 '가관측량(observable)'이라고 한다. 관측자가 알고 있는 어떤 물리계에 대한 정보는 일련의 측정을 통해서 얻을 수 있는데, 이렇게 측정 가능한 모든 정보를 담고 있는 은행이 바로 '파동함수'다. 결국 파동함수는 어떤 물리계가 가질 수 있는 모든 가능한 상태늘을 포함하고 있기 때문에 측정이라는 행위를 통해 특정 상태에 대해 우리가 얻을 수 있는 정보는 오직 확률로서만 가능하다. 파동함수가 출렁이는 확률의 진폭이기 때문에!

지금부터 파동함수를 실제 물리계에 한번 적용시켜보도록 하자. 길이 L인 딱딱한 벽면 사이에서 진동하고 있는 양자역학적 입자를 생각해보자. 이 입자는 벽 사이에 갇혀 있기 때문에 벽 바깥에는 존재할 수가 없다. 그렇기 때문에 이 입자의 운동을 기술하는 파동함수 역시 양쪽 벽 밖에서는 정의될 수가 없다. 왜냐하면 물리적인 파동이 갑자기 사라졌다가 다시 생성될 수 없기 때문에 양쪽 벽면에서는 자연스럽게 0에 접근해야만 한다. 결국 길이 L인 벽 사이에서 진동하고 있는 입자에 대응되는 드브로이 물질파는 그림 10.3과 같이 반파장의 정수배에 해당하는 상태들로만 존재할 수 있게 된다. 그림 10.3은 허용 가능한 상태들 중에서 양자수 n이 1, 2, 3인 상태에 해당하는 파동함수 ψ_1, ψ_2, ψ_3를 나타낸다.

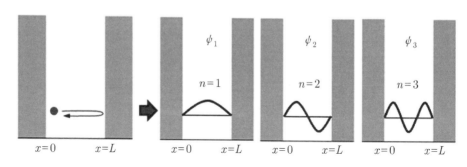

그림 10.3 양자상태와 파동함수 모양.

이때 진동자의 위치를 측정하기 위하여 플래시를 터트려 사진을 촬영해보면 항상 같은 결과를 얻지는 못할 것이다. n이 2와 3인 경우에는 0과 L 사이에서 진동모양이 거꾸로 변하는, 즉 위상이 반대가 되는 구간도 보인다. 과연 이 파동들은 입자의 어떤 성질을 보여주고 있는 걸까? 어쨌든 파동방정식으로부터 얻은 결과이기 때문에 입자에 대응되는 물질파의 가능한 상태들인 것만은 분명하다. 이것 이외에 이 파동함수들로부터 얻을 수 있는 정보는 아무것도 없다. 그림 10.3에 표시되어 있는 파동함수들 각각에 대한

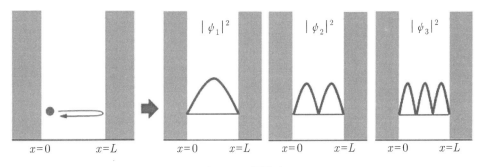

그림 10.4 확률밀도.

$|\psi(x,\ t)|^2$를 그려보면 그림 10.4와 같다.

이 그림에서 우리는 입자에 대한 어떤 물리적 정보를 얻을 수 있을까? 실제로 L 사이에 있는 진동자가 어떤 간격, $\triangle x$ 내에서 측정될 수 있는 가능성을 조사해보면 아래 그림에 표시되어 있는 것처럼 전체 곡선으로 둘러싸인 면적 중에서 $\triangle x$에 해당하는 띠가 가진 면적, 즉 색으로 칠해져 있는 부분의 면적에 비례한다는 사실이 밝혀졌다. 이런 의미에서 $|\psi(x,\ t)|^2$로 그려진 그래프를 '확률분포곡선(probability distribution curve)'이라고 한다. 그럼 $\triangle x$가 아닌 전체 영역 L 사이에서 진동자를 발견할 확률은 얼마인가? 당연히 곡선 아래 어디에선가는 진동자가 반드시 발견되어야 하기 때문에 L 사이에서 진동자를 발견할 전체 확률은 1이 된다.

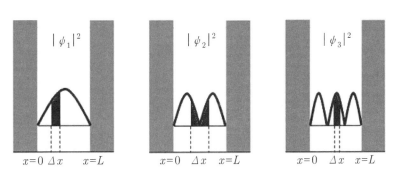

그림 10.5 $\triangle x$ 내에서 입자를 발견할 확률.

결국 파동함수의 제곱인 $|\psi(x,\ t)|^2$가 양자역학적 입자를 발견할 확률분포를 나타낸다. 이 사실은 보어를 주축으로 하는 코펜하겐학파의 해석이 옳았음을 보여주는 명백한 증거다. 이와 같은 해석에 기초를 두고 파동함수를 확률진폭으로 해석하는 것이 의미를 가지기

위해서는 파동함수가 만족해야 할 조건이 있다. 주어진 파동함수로 기술되는 공간 어딘가에서는 반드시 입자가 존재해야 하며 전 공간에서 입자를 발견할 확률은 항상 1이 되어야만 한다. 그렇기 때문에 어떤 한정된 공간과 시간에서 양자역학적 입자를 발견할 확률은 당연히 0과 1 사이의 값이 될 것이다. 만약 $x = 1$인 위치에서 입자를 발견할 확률이 1이면 나머지 전 영역에서 입자를 발견할 확률은 0이 된다는 의미이다. 이러한 상황을 파동함수를 이용하여 나타내보면 다음과 같다.

$$|\psi(1, t)|^2 \Delta x = 1, \ \ |\psi(x \neq 1, t)|^2 \Delta x = 0$$

지금까지의 결과를 간단히 정리해보자. 파동함수는 주어진 물리계에 대한 모든 정보를 가지고 있지만 그 자체로는 아무런 물리적 의미를 가지지 않는다. 파동함수 자체를 측정할 수는 없다. 그러나 파동함수의 제곱인 $|\psi(x, t)|^2$은 그 자체로 물리적 의미를 가지며 어떤 주어진 시간과 위치에서 입자를 발견할 확률분포로 직접 측정이 가능한 물리량이다. 그럼 파동함수 자체가 가지는 물리적 의미는 어떻게 해석할 수 있는가? 파동함수는 파동방정식이라는 이름에서 얼핏 그 의미를 짐작할 수 있듯이 양자세계에서 어떤 사건이 일어날 출렁이는 확률에 대응되는 '진폭(amplitude)'으로 해석할 수 있다. 이 같은 해석에 바탕을 두고 여러 사건이 일어날 확률을 가지고 있는 양자세계의 전체 확률을 한번 조사해보자. 전체사건과 관련된 확률진폭은 각각의 사건에 대응되는 확률진폭의 합으로 주어진다. 만약 두 가지 가능한 사건에 대응되는 확률진폭이 ψ_1과 ψ_2라면, 이 경우 전체사건에 대한 확률진폭은 $\psi = \psi_1 + \psi_2$가 되며, 전체사건이 일어날 확률은 $P = |\psi|^2 = |\psi_1 + \psi_2|^2$로 주어진다. 파동함수는 복소함수로 표현되기 때문에 복소함수의 제곱은 공액복소함수를 이용하여 다음과 같이 계산할 수 있다.

$$\begin{aligned} P = \psi^* \psi = |\psi|^2 &= |(\psi_1 + \psi_2)|^2 \\ &= (\psi_1^* + \psi_2^*)(\psi_1 + \psi_2) \\ &= |\psi_1|^2 + |\psi_2|^2 + \psi_1^* \psi_2 + \psi_2^* \psi_1 \end{aligned}$$

위 식의 세 번째와 네 번째 항, $\psi_1^* \psi_2$와 $\psi_2^* \psi_1$는 ψ_1과 ψ_2가 결합되어 있는 것을 볼 수 있는데 이것은 두 상태들의 간섭에 의한 기여를 나타낸다. 이 항들은 순전히 양자역학적 특성의 결과라고 할 수 있다. 왜냐하면 위 상황을 고전적으로 해석해보면 전체사건이 일어날 확률은 단순히 두 사건이 일어날 확률을 결합한 $P = P_1 + P_2$ 형태가 되기 때문이다. 이 경우에는 두 상태가 서로 얽혀 있는 항들이 없다는 것을 알 수 있다. 결국 확률이 얽혀 있다는 것은 상태들 사이에 간섭이 존재한다는 것을 의미하며 간섭은 곧 파동의 결과이다. 이처럼 파동함수로 기술되는 양자세계는 여러 상태들이 서로 얽혀 진동하는 '상태의 파동'으로 이루어진 거대한 대양이라고 할 수 있다.

양자상태라는 바다를 쳐다보면 파동함수라는 파도가 출렁거리는 것을 볼 수 있지만 실제로 파동함수 그 자체는 물리적 의미를 가지지 않는다. 대신 관측자가 측정을 통해 어떤 물리적 정보를 이용할 수 있도록 정보은행 역할을 한다. 파동함수로부터 정보를 얻어내기 위해서는 어떤 행위를 해야만 하는데 이런 행위를 수학적으로 '연산한다'라고 한다. 이때 연산을 수행하라는 명령어는 '연산자(operator)'가 된다. 마치 콤팩트디스크 (compact disk, CD)에 저장되어 있는 정보를 꺼내기 위해 레이저를 비추는 행위와 흡사하다. 파동함수는 CD에 그리고 레이저는 '연산자(operator)'에 대응시킬 수 있다. 레이저를 통해 읽혀지는 정보는 물리량, 즉 '가관측량'에 대응된다. 연산자는 파동함수에 다양한 수학적 조작을 하게 하는 '물리량'의 양자역학적 버전이다. 따라서 측정이 가능한 물리량들은 그 각각이 연산자에 대응된다. 우리가 알고 싶어 하는 모든 물리적 정보가 곧 우리가 알고자 하는 모든 물리량에 대응된다. 측정이 가능한 물리량이 '가관측량'이기 때문에 결국 개개의 가관측량은 '연산자'와 일대일로 대응이 된다. 영자역학에서 연산자는 $\hat{O}$ 모양의 기호를 사용하는데 O 위에 모자를 씌웠다고 해서 'O hat'로 읽는다. 연산자를 파동함수에 작용시켜 물리량을 알아내는 과정을 수학적으로 표현한 것을 '고유치방정식' 이라 한다. 그림 10.6을 보면 이 식의 의미를 좀 더 구체적으로 이해할 수 있다.

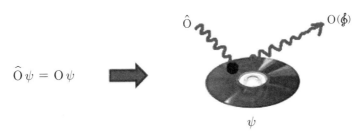

그림 10.6 고유치방정식과 CD 플레이어.

$\hat{O}$를 파동함수 ψ에 취하는 것은 연산자에 대응되는 물리량을 얻기 위한 측정과정으로 이 과정을 통해 결국 'O'라는 물리량을 얻을 수 있다. 마치 CD를 이용하여 음악을 듣는

것과 같다.

고전물리학에서는 주어진 물리계, 예를 들어 야구공의 초기 위치와 속도를 알면 우리가 원하는 정밀도로 미래의 상태를 예측할 수 있다. 그러나 양자역학에서는 앞에서 살펴본 바와 같이 측정의 결과를 확률로만 알 수 있다. 그러나 확률로 기술되는 자연관을 받아들이는 것은 인과율에 익숙한 만큼이나 힘이 든다. 너무나 잘 알려진 사실이지만 아인슈타인은 자연현상을 확률론으로 해석하는 양자역학적 관점을 절대로 받아들이지 않았다. 왜냐하면 양자역학이 출현하기 이전까지 이미 자연은 인과법칙에 따라 너무나 완벽하게 운행되고 있었기 때문이다. 이러한 양자역학적 해석을 두고 아인슈타인과 보어가 첨예하게 대립하면서 서로에게 했던 유명한 말이 있다. 아인슈타인이 "신은 주사위놀이를 하지 않는다."고 하자 보어는 "신의 주사위놀이는 당신이 상관할 바가 아니다."라고 했다. 인과법칙과 확률론! 여러분은 어느 쪽이 자연을 더 잘 설명한다고 생각하는가? 만약 둘 중 하나를 선택했다면 다른 하나는 왜 그렇지 않은지 한번 생각해보자. 우리는 무엇인가를 판단할 때 이미 가지고 있는 인식의 틀에 비추어 그 옳고 그름을 판단한다. 따라서 그 틀이 우리가 세상을 인식하고 이해하는 가장 중요한 열쇠가 되는 것이다. 양자역학의 확률론적 자연관 역시 우리 인간이 우주를 이해하기 위해 만든 최선의 '인식의 틀'인 것이다. 지금까지는 그렇다. 미래에는 또 어떻게 바뀔지 모르지만!

CHAPTER 11

이중성의 모사, 파속
(Copying of Duality, Wave Packet)

이제 파동함수는 양자역학적 입자의 가능한 상태들에 대한 확률의 출렁거림 정도를 나타내는 '확률진폭'이라는 것을 알았다. 그리고 파동함수의 제곱인 $\psi^*\psi$은 양자역학적 입자를 발견할 수 있는 확률밀도라는 것도 앞장에서 확인하였다. 파동함수는 실제로 존재하는 양자역학적 입자들의 상태를 기술하기 때문에 파동함수에 의해 정의되는 확률의 출렁거림도 입자들처럼 아주 좁은 공간에서만 존재해야 한다. 또한 양자역학적 입자들은 입자-파동 이중성을 가진 존재이기 때문에 파동함수 역시 입자-파동 두 성질을 모두 담고 있어야 한다. 따라서 파동함수를 제대로 묘사하기 위해서는 입자처럼 아주 작은 공간에 있어야 되며 파동처럼 진동하는 형태로 그려져야 한다. 어떻게 하면 입자-파동 이중성을 가진 파동함수를 표현할 수 있을까? 다시 말하지만 입자처럼 좁은 공간에 존재하면서 파동처럼 진동하는 그런 확률파동을 만들어야 한다. 우리는 물질파를 묘사하기 위해 입자-파동 이중성을 가진 존재를 이전에 한번 그려본 적이 있다. 하지만 그와 같은 그림이 실제로 물리적 의미를 가지기 위해서는 그냥 단순한 그림이 아닌 과학적 근거를 기초로 재구성된 것이어야 한다.

우선 파동함수를 개념적으로 한번 묘사해보자. 그림 11.1을 보면 왼쪽에는 입자 그리고 오른쪽에는 '펄스(pulse)'라고 하는 아주 짧은 순간에만 존재하는 파동이 그려져 있다. 파동함수에 대해 지금까지 설명한 특징을 펄스가 다 가지고 있는 것 같다. 입자처럼 아주 좁은 공간에 있으면서 파동과 같이 진동도 하고 있으니 말이다.

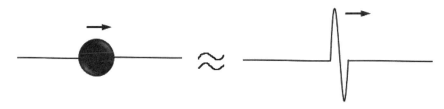

그림 11.1 입자와 펄스.

왼쪽의 입자와 비교해보면 상당히 그럴듯해 보인다. 개념만으로 그려진 그림에 불과하지만 어쨌든 우리가 원하는 성질이 펄스 속에 고스란히 녹아들어 있는 것을 알 수 있다. 이렇게 묘사된 펄스가 운동량을 가지고 공간 속을 진행해갈 수 있다면 이것이 바로 우리가 찾던 양자역학적 입자가 아닌가 싶다.

지금부터는 그냥 단순한 그림이 아닌 과학적 근거를 기초로 펄스와 같이 좁은 공간에 존재하면서 진동도 하는 그런 파동을 한번 만들어보자. 파동이 가진 성질 중에서 가장 대표적인 것 중 하나가 '간섭'이라는 것인데 간섭은 여러 파동들이 중첩되면서 나타나는 현상이다. 즉, 서로 다른 여러 개의 파동들이 공간의 한 점에서 만날 경우 개개 파동들의 특성은 사라지면서 새로운 형태의 파동이 생성되는데 이와 같은 현상을 간섭이라고 한다. 이때 하나하나의 파동들을 성분파라고 하며 간섭에 의해 생성된 파동의 모양은 성분파들이 어떻게 간섭하느냐에 따라 결정된다. 간섭에는 크게 보강간섭(constructive interference)과 상쇄간섭(destructive interference)이 있다.

그림 11.2의 왼쪽은 마루와 마루 그리고 골과 골이 만나는, 즉 위상이 같은 두 파동이 간섭하여 진폭이 커지는 보강간섭을 나타내며 오른쪽은 위상이 정반대인, 즉 마루와 골이 만나면서 진폭이 줄어드는 상쇄간섭을 나타낸다. 이처럼 파동의 간섭을 이용하면

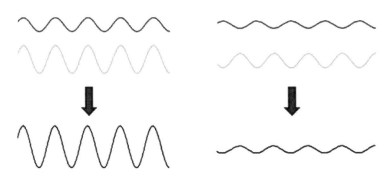

그림 11.2 보강간섭과 상쇄간섭.

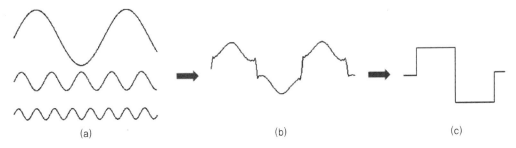

그림 11.3 (a) 성분파, (b) 성분파들을 합성하여 얻은 파동, (c) 사각파.

새로운 형태의 파동을 만들 수 있다. 어떤 종류의 파동들을 조합하느냐에 따라 새로 생성된 파동의 모양이 결정되기 때문에 펄스와 같이 좁은 공간에서만 존재하는 파동을 만들기 위해서 어떤 조건들이 필요한지 그리고 어떤 방법을 사용해야 되는지 한번 알아보자. 약 1800년 무렵 프랑스의 수학자 퓨리에(Fourier)는 사인곡선처럼 진동하는 파동과 코사인곡선처럼 진동하는 파동을 적절히 조합하면 우리가 원하는 거의 모든 종류의 파동을 만들 수 있다는 것을 수학적으로 증명하였다. 이렇게 사인함수와 코사인함수를 결합하여 급수로 전개하는 것을 '퓨리에 급수(Fourier series)'라고 하며 이것을 이용하여 원하는 파동을 얻을 수 있는 수학적 방법을 '퓨리에 정리(Fourier theorem)'라고 한다. 삼각파, 사각파, 톱니파 등과 같은 형태의 파동들도 이 방법을 이용하면 쉽게 만들 수 있다. 그림 11.3은 퓨리에 정리를 이용하여 사각파를 얻는 과정을 나타낸다.

그림 11.3의 (b)는 (a)에 있는 파동들을 결합하여 얻은 합성파인데 (a)에 표시되어 있는 파들 외에 더 많은 파동들을 합성해보면 (c)와 같은 완전한 사각파를 얻을 수 있다. 이와 같은 방법을 이용하면 펄스와 같은 형태의 파동을 쉽게 얻을 수 있을 것 같다.

퓨리에 정리에 좀 익숙해지기 위해 먼저 2차원 좌표평면상에 있는 벡터들을 어떻게 표현하는지 한번 살펴보자. 2차원 평면상에 존재하는 모든 점들은 2개의 좌표로 이루어진 순서쌍 (x, y)로 표시할 수 있다. 따라서 그림 11.4의 A, B, C에 해당하는 세 점들의 위치는 A(2, 5), B(5, 7) 그리고 C(6, 2)가 된다.

이제 그림 11.4에 표시되어 있는 화살표를 표현하는 방법을 알아보자. 화살표는 벡터라고 하는 물리량을 나타내는 기호인데 화살표의 머리는 주어진 물리량이 향하는 방향을 그리고 화살표의 길이는 물리량의 크기를 각각 나타낸다. 이렇게 화살표로 표시된 물리량이 좌표 위에 있을 때는 어떤 방법으로 이들을 표현하는지 한번 살펴보자. 우선 크기가 1이면서 좌표축과 나란한 방향을 가진 벡터들이 있는데 이런 벡터를 '단위벡터(unit

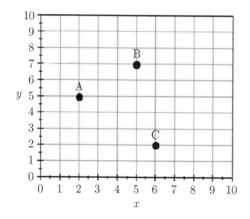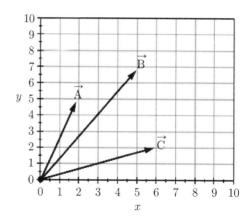

그림 11.4 2차원 좌표상의 위치와 위치벡터.

vector)'라고 하며, x축 방향과 나란한 단위벡터는 $\hat{i}$ 그리고 y축 방향과 나란한 단위벡터를 $\hat{j}$로 표시하자. 화살표 A의 끝점이 가리키고 있는 점의 좌표는 A(2, 5)인데 2는 $+x$축 그리고 5는 $+y$축에 대응되는 값들이다. 두 단위벡터와 좌표 (x, y)를 이용하면 벡터 $\overrightarrow{A}$는 $\overrightarrow{A} = 2\hat{i} + 5\hat{j}$와 같이 나타낼 수 있다. 이렇게 두 단위벡터를 조합하면 2차원 좌표상에 있는 모든 벡터들을 나타낼 수 있다. 아래와 같이 벡터표기법을 정의하면 벡터 $\overrightarrow{B}$는 다음과 같이 표시할 수 있다.

$$\overrightarrow{V} = (\;)\hat{i} + (\;)\hat{j} \;\rightarrow\; B(5, 7) \;\rightarrow\; \overrightarrow{B} = 5\hat{i} + 7\hat{j}$$

마찬가지로 벡터 $\overrightarrow{C}$는 $\overrightarrow{C} = 6\hat{i} + 2\hat{j}$가 된다. 이와 같이 2차원 좌표상에 있는 모든 벡터들은 2개의 단위벡터와 2개의 좌표값(x, y)을 조합하여 만들 수 있다. 벡터를 구성하는 방법이 앞에서 살펴봤던 퓨리에 정리와 그 형식면에서 거의 같다고 할 수 있다. 따라서 단위벡터와 크기를 조합하여 아무 벡터나 다 만들 수 있듯이 여러 파동들을 조합하여 우리가 원하는 파동을 만들 수 있는 것이다. 그럼 퓨리에 정리와 벡터의 구성을 한번 비교해보자. 단위벡터와 좌표축의 값은 퓨리에 정리의 무엇에 대응되는 걸까? 5개의 사인파가 있다고 가정해보자. 이들 5개의 사인파들{sin(x), sni(2x), sin(3x), sni(4x), sni(5x)}을 5차원 좌표상에서의 단위벡터라고 해보자. 그러면 벡터를 표기하는 것처럼 다음과 같이 나타낼 수 있을 것이다.

$$\overrightarrow{V} = (\;)\widehat{\sin x} + (\;)\widehat{\sin(2x)} + (\;)\widehat{\sin(3x)} + (\;)\widehat{\sin 4x} + (\;)\widehat{\sin 5x}$$

위 식에서와 같이 5개의 성분들이 결합하여 $\vec{V}$라고 하는 하나의 새로운 파동이 만들어지는데, 여기서 괄호 속의 값들은 각각의 성분들이 새로운 파동을 만들 때 기여한 정도를 나타낸다. 5개의 성분들이 합쳐서 100%가 되어야 하기 때문에 $\sin(x)$가 10%, $\sin(2x)$가 20%, $\sin(3x)$가 30%, $\sin(4x)$가 25%이면 $\sin(5x)$는 15%가 되어야 한다. 결국 벡터를 구성하는 방법이나 파동을 합성하는 방법이 똑같다는 것을 알 수 있다.

지금부터 퓨리에 정리를 이용하여 아주 좁은 공간에서만 진동하고 있는 파동을 한번 만들어보자. 그림 11.5는 {$\sin(x)$, $\sin(1.2x)$, $\sin(1.4x)$, $\sin(1.5x)$, $\sin(1.8x)$}를 똑같은 비율로 합성하여 얻은 파동을 나타낸다. 앞에서 물질파를 묘사할 때 사용한 파동과 그 모양이 똑같다. 공간적으로 넓게 퍼져 있지도 않으면서 파동처럼 진동도 하는 물질파가 가진 특성을 고스란히 간직한 파동을 제대로 얻은 것 같다.

이와 같이 아주 좁은 공간을 차지하면서 입자-파동 이중성을 가진 수학적 대상을 파동의 묶음, 즉 '파속(wave packet)'이라고 한다. 따라서 파속은 물질파의 수학적 묘사라 할 수 있다. 이제 파속의 특징을 한번 살펴보자. 그림 11.5를 보면 개개의 파동들은 자신의 고유한 파장과 진폭을 가지고 넓은 공간에 퍼져 있지만 파속은 좁은 공간에 있지만 진폭은 위치에 따라 커졌다 작아졌다 하는 것을 볼 수 있다. 이처럼 파속은 일반적인 파동과는 다른 특성을 가지고 있기 때문에 파속에 대한 해석도 달라져야 할 것이다.

고전물리학에서는 뉴턴의 운동방정식을 이용하여 매순간 물체의 위치와 속도를 정확하게 예측할 수 있다. 그럼 양자역학적 입자의 위치와 속도는 어떻게 될까? 양자역학적 입자가 곧 파속으로 묘사되었기 때문에 결국 파속의 위치와 속도를 알아야만 한다. 파속을 묘사한 그림 11.5를 다시 한번 살펴보자. 파속이 어디에 있는지 정확하게 말할 수 있을까? 왼쪽에 있는 단일 파동에 비하면 상당히 좁은 공간에 있지만 그래도 한 점이 아닌 여러

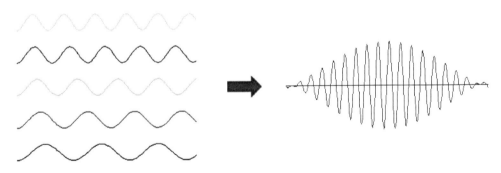

그림 11.5 성분 파동과 파속.

위치에 걸쳐 퍼져 있기 때문에 어느 한 점을 파속의 위치라고 단정 지을 수는 없을 것 같다. 파속을 입자와 같이 취급하는 것은 불가능해 보인다. 겉으로 보기에도 둘은 완전히 다르다는 것을 알 수 있다. 먼저 파속의 특징을 하나씩 살펴본 후 파속의 위치와 속도를 어떻게 정의할 수 있는지 알아보자. 파속의 전체 폭을 $\triangle x$라고 하면 이 좁은 영역 내에서만 파동이 존재하고 나머지 공간에서는 존재하지 않는 것으로 해석할 수 있기 때문에 파동함수 는 $\triangle x$ 영역에서만 정의된다고 할 수 있다. 파속의 폭 $\triangle x$는 어떤 종류의 파동들을 합성하느냐에 따라 달라지는데 좁게도 만들 수 있고 넓게도 만들 수 있다.

그림 11.6에서 폭이 다양한 파속들을 볼 수 있는데 오른쪽으로 갈수록 파속의 폭이 좁아지는 것을 볼 수 있다. 파속은 여러 파동들의 중첩에 의해 만들어지기 때문에 $\triangle x$가 0인 파속을 만드는 것은 불가능하며 항상 유한한 폭을 가져야만 한다. 그래서 파속은 항상 $\triangle x$만큼의 위치에 대한 오차를 가지게 된다. 고전적인 입자의 경우에는 위치가 완전히 결정되기 때문에 $\triangle x$는 항상 0이 된다. 따라서 파속이 항상 유한한 폭 $\triangle x$를 가질 수밖에 없는 이유는 입자와 파동을 한꺼번에 표현하는 과정에서 나타난 결과로 결국 입자-파동 이중성이라는 양자역학적 본질 때문에 필연적으로 나타나는 결과라고 할 수 있다. 이제 파속의 속도를 조사해보자. 먼저 단일 파동의 속도, v는 그림 11.7과 같이 정의된다.

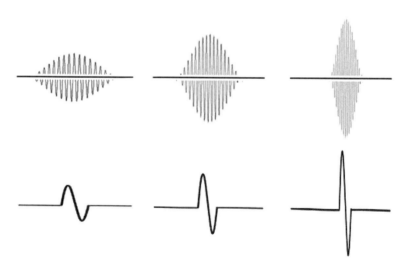

그림 11.6 공간적으로 퍼져 있는 정도가 서로 다른 파속들.

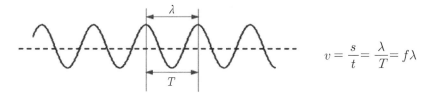

$$v = \frac{s}{t} = \frac{\lambda}{T} = f\lambda$$

그림 11.7 파동과 파동의 속력.

여기서 λ, T 그리고 f는 파장, 주기 그리고 진동수를 나타내며 s와 t는 이동거리와 시간을 각각 나타낸다. 진동수와 주기는 서로 역수관계에 있다. 속도는 이동거리와 경과시간의 비로 정의되는데 파동의 경우에는 한 주기에 해당하는 시간 동안 한 파장 이동하기 때문에 파동의 속도는 λ/T가 되며 $1/T = f$이기 때문에 $v = f\lambda$가 된다. 이렇게 정의되는 파동의 속도는 위상속도(phase velocity)와 군속도(group velocity)로 구분되는데, 위상속도는 주어진 파동의 한 점이 이동하는 속도를 의미하며 군속도는 파열 전체가 이동하는 속도를 나타낸다. 단일 파동의 경우 파동의 한 점과 파동 전체가 이동하는 속도가 같기 때문에 위상속도는 군속도와 같아지며 그림 11.8을 보면 이 상황을 쉽게 이해할 수 있다.

그림 11.8 단일 파동의 위상속도와 군속도.

그럼 파속의 속도는 어떻게 될까? 그림 11.9를 보면 파속을 한 덩어리로 감싸고 있는 포락선 전체가 이동하는 속도와 그 속에 있는 파동의 한 점이 이동하는 속도가 화살표로 표시되어 있다. 이 경우에 파열 전체가 이동하는 즉, 전체 덩어리가 이동하는 속도가

그림 11.9 파속의 위상속도와 군속도.

군속도가 되며 파동의 한 점이 이동하는 속도가 위상속도가 된다.

일반적으로 파속 전체가 이동하는 속도인 군속도가 위상속도보다 더 크다. 바로 이 군속도가 파속의 속도를 나타내며 곧 물질파의 속도가 된다. 따라서 파속의 군속도가 원자나 전자와 같은 양자역학적 입자들의 속도가 되는 것이다. 그러나 파속의 모양에서 짐작할 수 있듯이 고전물리학적인 의미에서의 정확한 속도라는 것을 파속에 대해서는 정의할 수 없을 것 같다. 그 이유는 앞에서 살펴본 바와 같이 파속의 위치가 언제나 $\triangle x$만큼 공간적으로 흩어져 있기 때문에 속도도 어느 폭 $\triangle v$만큼 오차를 가지게 되고 결국 운동량도 $\triangle p$만큼의 오차를 가지게 된다. 따라서 파속으로 묘사되는 양자역학적 입자들의 위치와 운동량은 언제나 오차를 가지고 있기 때문에 이 오차의 폭만큼 위치와 운동량에 대한 불확정도가 발생하게 되는 것이다. 파속의 이러한 특성 때문에 양자역학적 입자들의 위치와 운동량을 결정하는 문제는 언제나 확률론에 기초를 둘 수밖에 없는 것이다. 파속을 얻은 대신에 손실은 너무나 큰 듯하다. 파속의 도입으로 물질파의 위치와 운동량에 대한 불확정도는 필연적으로 존재할 수밖에 없지만 아이러니하게도 양자역학적 관점으로 자연을 해석하는 것이 기존의 그 어떤 학문체계로 해석하는 것보다 훨씬 정밀하고 정확하다는 사실이 현재까지 증명되어 오고 있다. 하지만 불확실성에 대한 의구심은 떨쳐버릴 수가 없다. 이런 본질적인 문제들이 이중성을 표현하는 수학적 도구의 한계 때문인지 아니면 양자세계의 본질 때문인지, 아직도 생각해 볼 여지가 너무나 많다. 파속! 이중성의 돌파구인 동시에 불확실성의 근원이 되었다.

물질파와 불확정성원리
(Matter Wave and Uncertainty Principle)

'불확정성원리' 또는 '불확실성원리'라고도 하는 이 원리는 슈뢰딩거방정식과 함께 양자역학을 떠받치고 있는 가장 중요한 대들보들이다. 양자세계에 행렬역학이라는 이론체계를 도입한 하이젠베르크(Heisenberg)가 바로 불확정성원리를 발견한 장본인이다. 그런데 불확실하다는 것이 원리가 된다고 하니 뭔가 좀 마뜩잖다. 일반적으로 과학적 원리나 법칙은 우리가 잘 모르는 무언가를 정확하게 알려주는 역할을 하는데 이 원리는 불확실한 정도를 알려준다고 하니 이상하기 짝이 없다. 하이젠베르크가 발견한 이 원리의 숨은 뜻이 무엇인지 그리고 무엇이 왜 불확실한지 지금부터 한번 알아보자.

앞장에서 여러 파동들을 중첩시켜 파속이 만들어지는 과정을 살펴보았다. 파속은 언제나 유한한 크기의 폭을 가지고 있는데 이때 파속의 퍼짐 정도인 $\triangle x$는 파속을 만들 때 사용한 성분 파동들의 파장 또는 운동량에 따라 달라진다. $\triangle x$가 아주 클 때도 있고 아주 작을 때도 있는데 파속이 공간적으로 얼마나 퍼져 있는가에 따라 위치에 대한 불확실

그림 12.1 파속의 폭과 위치의 불확정도.

한 정도가 결정된다. 파속이 넓게 퍼져 있으면, 즉 $\triangle x$가 클수록 위치는 그만큼 더 불확실해진다. 당연히 파속의 폭이 좁으면 위치는 좀 더 정확하게 결정될 것이다. 그림 12.1을 보면 파속의 폭에 따라 위치에 대한 불확실한 정도가 차이나는 것을 알 수 있다.

파속을 만들 때와 같은 방법으로 운동량이 서로 다른 성분 파동들을 이용해서 퍼짐 정도가 다른 파속을 한번 만들어보자. 성분파들의 운동량은 $p = h/\lambda$로 파장에 반비례하는 것을 알 수 있다. 따라서 파장이 서로 다른 성분파들을 합성하여 얻은 파속들도 당연히 서로 다른 운동량을 가지게 될 것이다. 먼저 그림 12.2와 같이 파장이 다른 5개의 파동을 준비한 다음 이 파동들의 조합을 변화시켜가며 파속을 만들어보자. 성분 파동들의 운동량이 달라지면 파속의 운동량은 어떻게 달라질까?

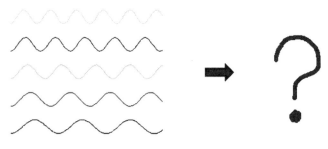

그림 12.2 운동량이 서로 다른 파동들의 합성.

즉, 파장이 큰 파동들의 조합에서부터 파장이 짧은 파동들의 조합까지 성분 파동들의 운동량을 순차적으로 변화시켜가며 파속을 만들어보면 그림 12.3과 같은 결과를 얻을 수 있다. 그림을 보면 오른쪽으로 갈수록 파속의 퍼짐이 점점 줄어드는 것을 볼 수 있다. 가장 왼쪽에 있는 그림을 보면 파속이 어디에 있는지 전혀 알 수 없을 정도로 퍼져 있지만 오른쪽 끝에서는 파속의 위치가 그런대로 잘 정의되는 것을 확인할 수 있다. 왼쪽과 오른쪽의 차이는 파속을 만들 때 사용한 성분 파동들의 파장, 즉 운동량 차이뿐이다.

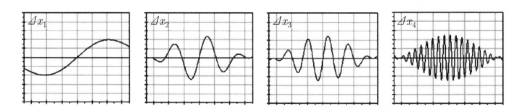

그림 12.3 파장이 서로 다른 성분 파동들을 합성하여 얻은 파속과 파속의 퍼짐.

오른쪽으로 갈수록 성분 파동들의 파장이 왼쪽에 비해 짧다. 따라서 운동량이 가장 작은 즉 파장이 가장 긴 성분 파동들로 만들어진 파속이 가장 왼쪽에 있는 것이다. 파속을 만들기 위하여 사용한 성분 파동들의 운동량 변화는 $\triangle p_1 < \triangle p_2 < \triangle p_3 < \triangle p_4$와 같다. 그림 12.3을 보면 파속의 퍼짐 정도가 파속을 만들 때 사용한 성분 파동들의 파장에 따라 확연히 달라지는 것을 볼 수 있으며, $\triangle p$가 가장 큰 네 번째 파속의 퍼짐 정도 $\triangle x$가 가장 작다는 것을 확인할 수 있다. 파속의 퍼짐 정도를 좀 더 명확하게 알아보기 위해 그림 12.3에서 파속을 얻을 때 사용한 함수를 제곱하여 다시 그려보면 그림 12.4를 얻을 수 있다. 오른쪽으로 갈수록 위치의 퍼짐 정도가 점점 줄어드는 것이 확연히 드러난다.

이제 위에서 살펴본 결과들을 정리해보자. 파속의 퍼짐 정도가 곧 '오차의 크기'를 나타내기 때문에 '불확정도(uncertainty)'와 같은 의미로 사용할 수 있다. 그럼 파속이 공간적으로 퍼져 있는 정도를 나타내는 $\triangle x$는 '위치의 불확정도' 그리고 운동량의 퍼짐 정도를 나타내는 $\triangle p$는 '운동량의 불확정도'라고 하자. 위의 결과들을 다시 한 번 정리해보면 가장 왼쪽에 있는 파속은 위치의 불확정도 $\triangle x$는 제일 큰 데 반해 운동량의 불확정도 $\triangle p$는 가장 작다. 하지만 가장 오른쪽에 있는 파속의 경우에는 위치의 불확정도 $\triangle x$는 가장 작지만 운동량의 불확정도 $\triangle p$는 가장 크다. 즉, 오른쪽으로 갈수록 파속의 위치에 대한 불확정도는 줄어드는 반면 운동량의 불확정도가 점점 커지는 것을 알 수 있으며 왼쪽으로 갈수록 상황은 정반대가 된다. 하나가 크면 다른 하나는 작아지며 서로 상보적 관계에 있다는 사실을 알 수 있다. 결론적으로 파속에 대한 위치의 불확정도와 운동량의 불확정도가 서로 독립적이지 않고 아주 밀접하게 얽혀 있다는 사실이 증명된 셈이다. 파속의 이러한 특성 때문에 우리가 원하는 대로 파속을 마음대로 만들 수는 없다. 따라서 파속을 만들기 위해서는 이들 두 불확정도 사이에 존재하는 일반적인 원리를 먼저 찾아야만 한다.

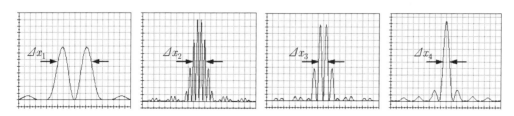

그림 12.4 그림 12.3에서 사용한 함수를 제곱하여 얻은 파속.

파속이 만들어질 때의 위치와 운동량의 '퍼짐(spreading)' 즉 '불확정도' 사이의 관계와 그 한계를 밝힌 것이 바로 하이젠베르크가 제안한 '불확정성원리'다. 일반적으로 파속의 퍼짐 정도는 운동량과 위치에 대한 오차로부터 정의되는 표준편차를 이용하여 나타낼 수 있다. 하이젠베르크는 파속의 '불확정도'를 위치에 대한 표준편차와 운동량에 대한 표준편차의 곱으로 정의하였다. 이때 두 불확정도를 곱한 결과는 다음과 같은 부등식을 만족하게 되는데 이것이 바로 불확정성원리를 대표하는 관계식이다. 여기서 $\hbar = h/2\pi$로 '에이치-바(h-bar)' 또는 '하-바'로 읽는다.

$$(\Delta x)(\Delta p) \geq \frac{\hbar}{2}$$

이 식은 Δx와 Δp를 곱한 값이 절대로 $\hbar/2$보다 작을 수 없다는 의미를 내포하고 있다. 만약 부등식의 오른쪽이 어떤 값으로 결정되면 운동량과 위치는 상호보완적으로 작용하여 하나가 커지면 다른 하나는 작아지고 그 반대도 마찬가지가 되어 항상 유한한 크기의 '불확정도'를 가지게 된다. 결국 불확정성원리에 따라 위치의 불확정도 Δx가 커지면 운동량의 불확정도 Δp는 줄어들게 되고 반대로 Δx가 작아지면 Δp는 상대적으로 커지게 된다. 따라서 위치와 운동량의 퍼짐 정도를 어느 값 이하로 동시에 작게 만드는 것은 불확정성원리에 따라 제한된다. 그렇기 때문에 여러 파동들을 중첩시켜 파속을 만들 경우 위치와 운동량에 대한 두 가지 극한상황을 만날 수 있는데, 하나는 운동량 분포가 좁으면 공간 분포가 넓어지는 경우이고 다른 하나는 운동량 분포가 넓으면 공간 분포가 좁아지는 경우이다. 그림 12.5를 보면 이들 두 극한의 경우 파속의 모양이 확연히 다르다는 것을 알 수 있다.

만약 위치에 대한 불확정도가 0으로 수렴하면 운동량에 대한 불확정도는 $\Delta x \Delta p \geq \hbar/2$ 관계에 따라 무한대로 발산할 것이다. 결국 위치가 완전하게 정의될 경우에는 운동량에

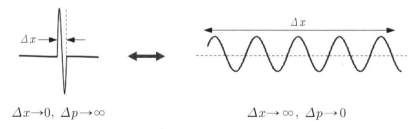

$\Delta x \to 0, \ \Delta p \to \infty$ $\Delta x \to \infty, \ \Delta p \to 0$

그림 12.5 입자성이 지배적인 파속과 파동성이 지배적인 파속.

대한 정보는 전혀 얻을 수 없다는 결론에 이르게 된다. 그 역도 마찬가지다. 지금까지의 내용을 정리해보면 위치와 운동량이라는 두 물리량은 파속을 형성하면서 서로 밀접하게 얽혀 있기 때문에 이들 두 물리량을 $\hbar/2$ 한계 이상의 정확도로 동시에 측정하는 것은 불가능하게 된다. 이것이 바로 불확정성원리다. 불확정성원리의 지배를 받는 물리량들의 쌍으로는 위치와 운동량 외에도 에너지와 시간, 그리고 각과 각운동량 등이 있다. 지금부터 불확정성원리를 이용하여 설명할 수 있는 대표적인 물리현상으로는 어떤 것들이 있는지 한번 살펴보도록 하자. 측정에 대한 정확도의 한계를 제한하는 이 원리가 과연 자연현상을 이해하는 데 어떻게 이용되는지 쉽게 짐작이 가질 않는다. 그러나 불확정성원리라는 열쇠 없이는 절대 양자세계로 들어설 수가 없다. 하지만 불확실한 그 세계 속으로 들어서는 순간 너무나도 정확한 양자세계를 만날 수 있다.

전자현미경 실험

하이젠베르크는 불확정성원리를 설명하기 위해 전자의 위치와 운동량을 결정하는 사고실험을 수행했다. 사고실험(thought experiment)이란 생각으로 하는 실험을 말하는데, 이론물리학자들이 주로 사용하는 실험방법이다. 하이젠베르크가 연구하던 시기에는 전자를 직접 측정할 수 있는 방법이 없었기 때문에 생각만으로 가상의 실험을 할 수밖에 없었다. 하이젠베르크와 같이 우리도 전자 하나가 텅 빈 공간 속을 달려가고 있는 상황을 머릿속으로 그리면서 사고실험을 한번 해보자. 우선 그림 12.6처럼 전자가 현미경의 대물렌즈 아래쪽을 달려가고 있다고 상상해보자. 우리가 현미경을 통해 보는 것은 물체로부터 산란된 빛이다. 그래서 현미경으로 전자를 보기 위해서는 당연히 빛이 필요하다. 전자로부터 산란된 빛이 대물렌즈와 접안렌즈를 통과한 후 눈으로 들어오는 순간 우리는 전자를 발견하게 된다. 전자의 위치를 측정하기 위해 1개의 광자를 전자에 비춘 후 산란된 광자를 현미경을 통해 관찰하게 될 것이다. 그런데 광자와 충돌하는 순간 전자는 당구공처럼 튕겨져 나가게 되고 그 결과 전자의 운동량도 변하게 된다.

전자의 위치를 측정하기 위해 사용한 광자의 파장은 그림 12.6 (a)의 경우가 (b)의 경우보다 더 짧다고 하자. 파장이 짧은 빛을 사용할수록 분해능이 좋기 때문에 파장이 짧은 광자를 사용한 (a)의 경우가 (b)의 경우보다 전자의 위치는 훨씬 정확하게 측정될 것이다. 따라서 위치에 대한 불확정도는 $\triangle x_1 < \triangle x_2$가 된다. 그런데 (a)와 (b)의 경우

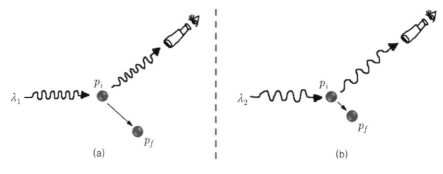

그림 12.6 광자와 전자의 충돌.

전자의 되튐 정도는 (a)가 훨씬 크다는 것을 알 수 있다. 왜냐하면 (a)의 경우에 광자의 운동량이 더 크기 때문이다. 결국 충돌 전후에 있어서 전자의 운동량이 많이 변한 쪽은 (a)이기 때문에 두 경우를 비교해보면 운동량의 불확정도는 $\triangle p_1 > \triangle p_2$가 된다. 이 사고실험의 결과는 다음과 같이 정리할 수 있다. (a)와 (b)를 비교해보면 (a)의 경우가 (b)에 비해 전자의 위치는 훨씬 정확하게 측정되며 운동량은 (b)의 경우가 (a)에 비해 훨씬 정확하게 측정된다. $\triangle x$와 $\triangle p$, 두 양은 하나가 크면 다른 하나가 작아지고 해서 상호보완적인 관계를 유지하면서 두 물리량의 곱 $\triangle x \triangle p$는 어떤 유한한 값으로 수렴할 것이라는 것을 예상할 수 있다. 이와 같이 어떤 물리량을 측정할 때 언제나 정확도의 한계가 존재하는데, 그 이유가 바로 불확정성원리 때문이다.

영점에너지: zero-point energy

고전열역학에서는 절대온도 0 K에서는 어떠한 물리계도 에너지를 가질 수 없다. 계의 에너지는 절대온도에 비례하는데, $T = 0$ K이면 에너지가 0이 되면서 모든 운동은 사라지고 공간의 한 곳에 완전히 얼어붙게 된다. 만약 어떤 물체의 온도가 0 K이면 이 물체역시 공간의 한 곳에 꽁꽁 얼어붙어 아무런 미동도 하지 않을 것이다. 이 물체에 불확정성원리를 한번 적용해보자. 공간의 한 곳에 얼어붙어 있기 때문에 위치의 퍼짐도 없고, 또한움직이지 않기 때문에 운동량의 퍼짐도 없다. 결국 이 물체에 대한 위치와 운동량의불확정도는 $\triangle x = 0$, $\triangle p = 0$가 되고, 이 결과는 $\triangle x \triangle p = 0$가 되어 불확정성원리를위배하게 된다. 무엇이 잘못된 것일까? 고전열역학인가 아니면 불확정성원리인가? 그럼이런 가정을 한번 해보자. '절대온도 0 K에서도 에너지는 존재할 수 있다.' 그러면 운동량이 존재하게 되고 덩달아 $\triangle p \neq 0$가 될 것이다. 운동량의 불확정도 때문에 위치의 불확정도 $\triangle x \neq 0$가 되어 불확정성원리에 위배되는 $\triangle x = 0$, $\triangle p = 0$와 같은 모순은 피할 수 있게 된다. 만약 이 가정이 옳다면 불확정성원리의 권위도 회복되겠지만 그렇지 않다면 불확정성원리는 물론 양자이론 그 자체도 큰 고전을 면치 못할 것이다. 그런데 조화진동자 문제를 슈뢰딩거방정식으로 풀어보면 절대온도 0 K에서도 에너지가 존재할 수 있다는 사실을 확인할 수 있다. 즉, 고전물리학적으론 불가능하지만 양자역학적으론 절대온도 0 K에서도 에너지가 존재할 수 있다는 사실이 슈뢰딩거방정식에 의해 이론적으로 밝혀진 것이다. 불확정성원리가 만족되도록 가정한 '0 K에서의 에너지'가 슈뢰딩거방정식에 의해 그 존재가 증명되었다. 슈뢰딩거방정식과 불확정성원리를 동시에 만족하는 절대온도 0 K에서의 에너지를 '영점에너지(zero-point energy)' 또는 '진공에너지(vacuum energy)'라고 한다.

스펙트럼의 선폭

위치와 운동량처럼 불확정성원리의 지배를 받고 있는 또 다른 물리량의 조합이 있다. 바로 에너지와 시간이다. 에너지(E)와 시간(t) 역시 $\triangle E \triangle t \geq \hbar/2$를 만족해야 하기 때문에 에너지가 정확하게 측정되면 될수록 시간은 점점 더 불확실하게 되고 그 역도 마찬가지다. 원자로부터 방출되는 스펙트럼을 한번 생각해보자. 에너지가 낮은 바닥상태에 있던 전자가 높은 에너지 상태로 뛰어 올라가면 아주 짧은 시간에 곧바로 바닥상태로 다시 떨어지는데, 이 과정에서 빛을 방출하게 된다. 이때 방출되는 빛의 에너지는 두 상태 사이의 에너지 차와 같다. 이런 천이과정을 여러 번 반복하면 그림 12.7과 같이 단일 에너지를 가진 빛이 계속 방출될 것이다.

그런데 실제 실험결과는 그림 12.7과 같이 하나의 선스펙트럼 형태가 아니라 어느

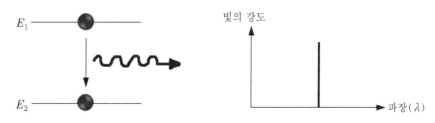

그림 12.7 전자의 단일 천이과정과 빛의 강도.

정도의 폭을 가진 스펙트럼이 관측된다는 것이다. 실제로 관측되는 결과는 그림 12.8의 오른쪽과 같은 모양을 하고 있다. 왼쪽에서 방출되는 빛 에너지는 $E_1 - E_2 = h\nu = h(c/\lambda)$ 로 하나의 파장만을 가지고 있다.

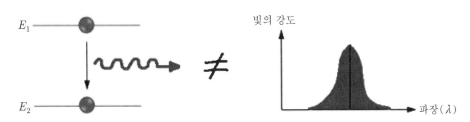

그림 12.8 전자의 단일 천이와 빛의 강도.

왼쪽 그림으로는 오른쪽 그림을 전혀 설명할 수 없다. 불확정성원리로 이 상황을 어떻게 설명할 수 있는지 한번 살펴보자. 전자가 E_1 상태에서 E_2 상태로 떨어질 때 아주 짧긴 하지만 그래도 유한한 시간 폭, $\triangle t$를 가지게 된다. 이 경우 불확정성원리 $\triangle E \triangle t \geq \hbar/2$ 에 따라 에너지도 $\triangle E \geq \hbar/(2\triangle t)$만큼의 불확정도를 가지게 되며, 이 결과 방출되는 빛의 파장도 $\triangle \lambda$만큼 불확정도를 가지게 된다. 결국 불확정성원리 때문에 단일파장이 아닌 $\triangle \lambda$에 해당하는 여러 파장의 빛들이 함께 방출될 것이다.

이것이 바로 스펙트럼의 선폭이 넓어지는 이유다. 이제 그림이 제대로 완성된 것 같다. 불확정성원리에 따라 비슷한 파장을 가진 빛들이 함께 방출되기 때문에 그림 12.9와 같이 넓게 퍼진 모양의 스펙트럼을 얻게 된다.

이상으로 불확정성원리가 적용되는 몇몇 예들을 살펴봤다. 파동–입자 이중성으로부터

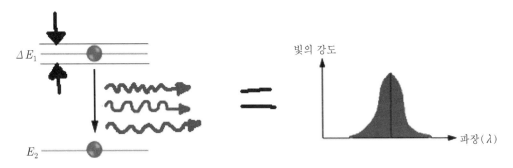

그림 12.9 불확정성원리와 스펙트럼 선폭.

시작된 긴 여정에서 불확정성원리를 만나게 되었다. 완전히 다른 두 성질을 동시에 가진 양자역학적 입자를 기술하는 과정에서 불확정성원리가 탄생했다. 이중성을 가진 존재가 입자가 되기도 하고 파동이 되기도 하는 그러한 본질 자체가 이미 불확실성을 안고 있는 것이다. 이중성이 양자역학적 입자의 본질이라면 불확정성원리 또한 우리 우주의 운행을 지배하는 기본 원리라고 할 수 있다. 간혹 불확정성원리를 잘못 이해하고 있는 사람들은 이 원리가 과학적 지식의 한계를 드러내는 것이라고 논박하기도 한다. 하지만 위의 예에서 살펴본 것처럼 불확정성원리 덕분에 우리는 우주를 보다 더 정확하게 이해할 수 있게 되었다. 어쨌든 불확정성원리에 대한 이러한 오해는 양자세계 자체가 우리들의 일상 경험과 너무나 동떨어져 있기 때문에 나타나는 결과라 할 수 있다. 그럼에도 불구하고, 불확정성원리의 효과는 결코 우리로부터 먼 곳에 있지 않다. 우리 주변의 세계는 원자와 분자들로 이루어져 있으며, 원자세계는 곧 양자역학적 세계이다. 우주도 마찬가지다. 비록 거시세계이긴 하지만 그 구성요소들 모두는 양자역학적 입자들이다. 양자역학적 입자는 모두 불확정성원리의 지배를 받고 있다. 결국 우주탄생의 순간부터 저 먼 우주의 미래까지 불확정성원리라는 파수꾼이 우리를 지키고 있다. 현재 지구상에서 만들 수 있는 가장 정밀한 장치들 중의 하나가 원자시계인데 그 중심에는 역시 불확정성원리가 자리 잡고 있다. 불확정성원리는 불확실하다는 의미보다는 우리가 측정할 수 있는 정확도의 한계를 제시하는 원리로 고전물리학적으로 절대 도달할 수 없는 한계 저 너머의 정확도를 불확정성원리는 제공하고 있다.

13

양자수와 배타원리(Quantum Number and Exclusion Principle)

플랑크로부터 시작된 양자개념을 기초로 보어는 수소원자 스펙트럼을 너무나도 멋지게 해결하였다. 수소원자로부터 얻은 선스펙트럼의 구조는 물론 여러 스펙트럼선들이 그룹을 형성하여 만든 스펙트럼 계열들도 보어의 이론으로 모두 설명할 수 있었다. 스펙트럼을 분석하는 기술이 점차 발전하면서 이전에는 보이지 않았던 새로운 스펙트럼 구조들이 나타나기 시작했다. 하나의 선으로 보였던 스펙트럼을 자세히 들여다보면 그 속에 또 다른 구조들이 관측되기도 하는데 이러한 스펙트럼의 복잡한 구조를 미세구조(fine structure)라고 한다. 보어의 이론으로 미세구조의 원인을 설명해보려 했지만 결국 실패하고 말았다. 더구나 보어의 이론으로는 전자가 2개 이상인 원자들의 스펙트럼도 전혀 설명할 수 없었다. 보어의 원자모형은 더 이상 유용하지 않았다. 실제 원자내부의 구조가 보어의 원자모형보다 훨씬 복잡하기 때문에 나타나는 결과가 아닌가 싶다. 보어의 원자모형에서는 전자의 상태가 오직 주양자수 n 하나만으로 결정되기 때문에 이러한 단순함 때문에 복잡한 스펙트럼 구조를 설명하지 못하는 게 아닌가라는 생각이 든다. 원소주기율표를 보면 원소에 따라 전자들이 어떻게 배열되어 있는지 잘 나타나 있다. 보어는 전자가 하나인 수소원자만을 주로 다뤘기 때문에 전자가 2개 이상인 원자내부에서는 전자들이 어떤 규칙이나 원리에 따라 배열되는지 전혀 알지 못했다. 현재 우리가 알고 있는 원자내부의 전자배열은 파울리(Pauli)의 등장으로 완성되었다. '파울리의 배타원리(Pauli's exclusion principle)'에 따라 전자들은 원자핵 주위에 배치된다. 배타원리에 따라 하나의 궤도를 채울 수 있는 전자의 총수도 결정된다. 이뿐만 아니라 백색왜성이나 중성자별 같은 천체가 중력에 의해 붕괴되지 않는 이유도 배타원리 때문이다. 파울리가 발견한 배타원리가 무엇이며 배타원리로 이해할 수 있는 대표적인 물리현상에는 어떤 것들이 있는지 한번 살펴보자.

파울리의 스승인 좀머펠트(Sommerfeld)는 보어가 해결하지 못한 스펙트럼의 미세구조를 설명하기 위해 원운동으로 한정되어 있는 보어의 원자모형을 타원궤도로 확장하였다. 궤도가 타원일 경우에는 원형궤도와 달리 궤도반지름이 계속 변하기 때문에 전자가 가진 각운동량도 계속 변하게 된다. 보어의 원자모형에서는 전자의 반지름이 고정되어 있기 때문에 정해진 궤도상에서는 항상 일정한 각운동량을 가질 수밖에 없다. 따라서 좀머펠트의 타원궤도에서는 전자들이 원형궤도에 비해 훨씬 자유롭게 운동할 수 있기 때문에 전자들이 가질 수 있는 상태도 훨씬 많이 늘어날 것이다. 타원궤도 때문에 생긴 전자들의 상태를 설명하기 위하여 새로운 양자수가 도입되는데 바로 '궤도양자수(orbital quantum number, 또는 방위양자수(azimuthal quantum number))'이다. 궤도양자수, ℓ의 등장으로 주양자수 n에 의해서만 결정되던 전자의 상태는 좀 더 복잡한 양상을 띠게 되고 이런 복잡한 전자의 상태가 스펙트럼의 복잡한 미세구조를 만드는 원인일 것으로 예상할 수 있다. 상태의 수가 많아질수록 두 정상상태 사이의 천이과정도 늘어나게 되고 결국 스펙트럼선들도 이전보다 많아지면서 복잡한 구조를 가지게 된다. 결국 원형궤도를 타원궤도로 확장하면서 복잡한 스펙트럼의 미세구조를 이해할 수 있게 되었다. 그림 13.1은 주양자수 n이 1, 2, 3일 때 전자궤도의 모양을 나타낸다. 보어의 원자모형에서는 n에 관계없이 궤도의 수는 언제나 하나였는데 타원궤도를 도입하면서 하나의 n 상태에서

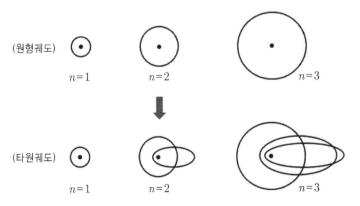

그림 13.1 보어의 원형궤도와 좀머펠트의 타원궤도.

자기장(×)　　　　　　　　자기장(○)

그림 13.2 자기장 안과 밖에서의 스펙트럼 모양.

도 궤도반지름이 서로 다른 여러 개의 상태가 존재할 수 있다. 이것이 바로 하나의 선스펙트럼이 여러 개의 미세구조로 나눠지는 한 가지 이유가 된다.

1896년 독일의 물리학자 제만(Zeeman)은 강한 자기장 속에 들어 있는 원자의 스펙트럼을 분석한 결과 자기장 밖에서는 하나였던 스펙트럼선이 그림 13.2처럼 여러 개의 선들로 분리되는 것을 관측하였다. 그림 13.2와 같이 자기장 때문에 하나의 스펙트럼선이 여러 갈래로 나눠지는 현상을 '제만효과(Zeeman effect)'라고 한다. 스펙트럼선들이 3개로 분리되어 서로 다른 위치에 나타나는 이유는 각 선에 해당하는 빛의 파장과 에너지가 다르기 때문이다. 즉, 하나의 에너지 상태에 있던 전자가 자기장 때문에 3개의 에너지 상태로 분리되어 나타나는 결과다. 제만효과에 의해 전자의 에너지 상태가 어떻게 여러 갈래로 나눠질 수 있는지 한번 살펴보자. 전기력과 자기력은 극성을 가지고 있기 때문에 같은 극 사이에는 척력, 서로 다른 극 사이에는 인력이 작용한다.

그림 13.3처럼 양전하와 음전하가 일정한 거리를 두고 막대의 양끝에 연결되어 있는 구조를 '전기쌍극자(electric dipole)'라고 하는데 이것을 +와 −로 대전된 극판 사이에 두면 두 전하에 작용하는 인력과 척력 때문에 전기쌍극자는 회전을 하게 된다. 이때 쌍극자가 회전하는 정도를 나타내는 물리량을 '쌍극자모멘트(dipole moment)'라고 한다. 그림 13.3의 전기쌍극자는 전기장과 나란할 때까지 시계방향으로 회전하게 된다. 전기쌍

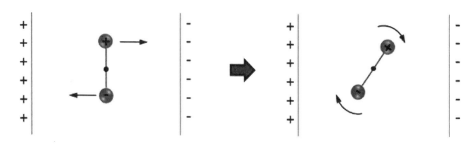

그림 13.3 전기쌍극자와 전기쌍극자의 회전.

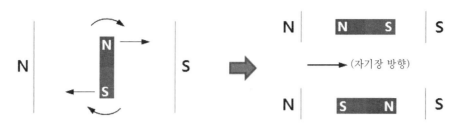

그림 13.4 자기쌍극자와 자기쌍극자의 회전.

극자는 전기장과 나란한 상태에서 회전을 멈추고 가장 안정한 상태에 도달하게 된다. 만약 전기쌍극자가 전기장 방향과 반대방향으로 놓여 있었다면 나란한 방향으로 돌아가기 위해 최대의 회전능률을 가지게 되며 이때가 가장 불안정한 상태가 된다. 따라서 전기장 내에 있는 전기쌍극자는 전기장과 나란하거나 반대방향을 향하거나 해서 두 상태로 에너지가 분리된다고 할 수 있다. 자석의 경우도 마찬가지인데 N극과 S극이 일정거리만큼 떨어져 있기 때문에 자기쌍극자라고 할 수 있으며, 자기쌍극자 역시 자기장 내에서 회전을 할 수 있다. 그림 13.3과 같은 방식으로 자기쌍극자도 그림 13.4에서처럼 회전하게 된다.

이렇게 외부 자기장 때문에 자기쌍극자의 상태가 둘로 나눠지는 현상이 바로 제만효과이다. 제만효과 때문에 분리된 두 상태는 서로 다른 에너지를 가지게 되고 결국 이 상태들과 관련된 스펙트럼 역시 서로 다른 위치에서 관측된다. 아래 그림은 어떤 특정궤도에 대한 제만효과와 그에 대한 스펙트럼을 나타낸다.

제만효과 때문에 원자 스펙트럼의 미세구조는 한 층 더 복잡해졌다. 제만효과 때문에 나타나는 미세구조는 주양자수 n과 궤도양자수 ℓ만으로는 설명이 되질 않는다. 자기장 때문에 더 복잡해진 미세구조를 설명하기 위하여 좀머펠트는 세 번째 양자수인 '자기양자수(magnetic quantum number), m'을 도입하게 되는데, m은 정해진 궤도상에서 전자가

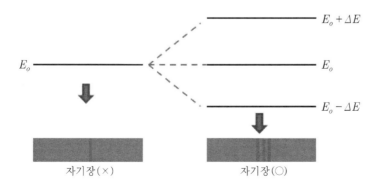

취할 수 있는 각운동량의 방향과 관계되는 양자수이다. 이제 전자의 상태는 이들 세 양자수 n, ℓ, m의 조합으로 결정되는데 양자수가 하나였던 이전보다 전자의 상태가 훨씬 많이 늘어났다는 것을 알 수 있다. 양자수가 늘어나면서 스펙트럼의 미세구조도 어느 정도 해결이 된 것 같다. 그런데 이전의 양자수들로는 설명할 수 없는 또 다른 스펙트럼선들이 나타났다. 1921년 슈테른(Stern)과 게를라흐(Gerlach)는 균일하지 않은 자기장을 통과한 은−원자살(atomic beam)이 두 부분으로 분리되는 것을 발견하게 되는데, 이러한 현상을 '비정상제만효과(anomalous Zeeman effect)'라고 한다. 이후에 전자살(electron beam)을 가지고 한 실험에서도 똑같은 결과가 관측되었다. 전자살도 역시 두 갈래로 분리되었던 것이다. 그 당시 전자는 기하학적으로 크기를 정의할 수 없는 점과 같은 입자로 여겨졌기 때문에 자기장 속에서 전자가 왜 두 방향으로 분리되는지 도무지 이해할 수 없었다. 전기를 띤 어떤 입자가 균일하지 않은 자기장을 통과하면서 특정방향으로 쏠리는 힘을 받기 위해서는 반드시 회전을 해야 하는데 그럼 전자가 회전을 한단 말인가? 점과 같은 입자로 알려져 있던 전자가 회전을 한다는 것은 상상조차 할 수 없는 일이었다. 점은 아무런 기하학적 구조를 가지지 않기 때문에 점의 회전을 정의하는 것 자체가 무의미한 것이다. 비정상제만효과는 점 입자인 전자가 마치 팽이처럼 회전을 하면서 각운동량을 가지고 있을 때만 이해될 수 있는 그런 현상이었다. 이렇게 비정상제만효과를 설명하기 위해 전자에게 부여된 회전을 '스핀(spin)'이라고 한다. 스핀에 할당된 양자수를 '스핀양자수(spin quantum number)'라 하며 S를 이용하여 나타낸다. 스핀은 실제 관찰 가능한 전자의 회전이라기보단 전자가 각운동량이라는 성질을 가져야만 설명되는 현상 때문에 부여된 성질이라고 할 수 있다. 그래서 전자의 스핀을 일반적인 물체의 회전과 구별하기 위해 특별히 '내부각운동량(internal angular momentum)'이라고 한다. 스핀은 1925년 가우드스미트(Goudsmit)와 울렌벡(Uhlenbeck)이 전자의 자기쌍극자모멘트를 설명하기 위해 처음으로 도입한 물리량이다. 좀머펠트의 제자인 파울리는 스핀이 비정상제만효과의 원인이라고 주장하였으며, 이때 전자가 가질 수 있는 스핀양자 수의 크기는 궤도각운동량 $\hbar$의 절반인 $\pm\hbar/2$가 되고, 회전방향에 따라 +1/2와 −1/2로만 양자화될 수 있다고 제안했다. 전자의 스핀은 오른손법칙에 따라 방향을 정할 수 있는데 회전방향으로 오른손을 감아쥐었을 때 엄지손가락이 향하는 방향이 스핀방향이 된다. 그림 13.5는 전자의 스핀방향과 스핀 때문에 생긴 자기쌍극자모멘트를 나타낸다. 모멘트는 회전능률을 나타내는 물리량인데 모멘트가 크다는 말은 회전할 수 있는 능률이 크다는 의미이다.

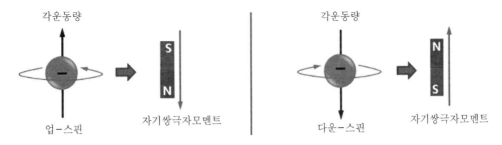

그림 13.5 전자의 각운동량과 자기쌍극자모멘트.

전자의 스핀은 오른손법칙에 따라 결정되지만 자기쌍극자모멘트의 방향은 전류의 방향으로 결정된다. 그런데 전자는 음전하를 띠고 있기 때문에 전자가 회전하면서 만드는 전류의 방향(+→ −)은 전자의 회전방향과 반대가 된다. 자기쌍극자모멘트의 방향 역시 오른손법칙을 따르는데 전류가 흐르는 방향으로 오른손을 감아쥐었을 때 엄지손가락이 향하는 방향이 곧 자기쌍극자의 방향이 된다. 따라서 전자가 가진 음전하 때문에 스핀방향과 자기쌍극자모멘트방향이 반대가 된다. 이제 전자가 균일하지 않은 자기장 속을 달려가는 상황을 한번 생각해보자. 전자가 균일하지 않은 자기장을 지나갈 때 자기쌍극자모멘트 때문에 힘을 받게 되는데 이때 두 극에 작용하는 자기력의 크기가 서로 달라 힘이 큰 쪽으로 쏠리게 된다. 그림 13.6을 보면 자기쌍극자의 두 극에 작용하는 힘의 크기가 서로 다르다는 것을 알 수 있다. 화살표의 길이는 힘의 크기를 나타내며 자기장의 크기는 대소로 구분하였다.

그림 13.6이 슈테른–게를라흐 실험에서 관측되는 비정상제만효과의 결과를 나타낸다. 결국 비정상제만효과는 전자의 스핀 때문에 일어나는 현상으로 +1/2(↑) 스핀과 −1/2(↓) 스핀을 가진 전자는 그림 13.6과 같이 서로 반대방향으로 쏠리게 된다. 이렇게 스핀양자수

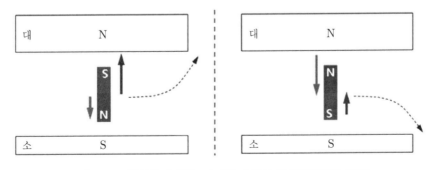

그림 13.6 균일하지 않은 자기장 속에서 자기쌍극자의 편향.

의 도입으로 비정상제만효과도 말끔하게 해결되었다. 결국 n, ℓ, m에 이어 s가 추가되면서 제만효과는 물론 비정상제만효과를 포함한 스펙트럼의 미세구조 문제가 완벽하게 해결되었다.

스펙트럼은 원자 내부에서 전자들이 어떤 상태로 존재하는지를 알려주는 지문과도 같은 것이기 때문에 스펙트럼의 미세구조를 이해하는 것은 결국 전자가 놓여 있는 상태를 간접적으로 보는 것과 같다. 그렇기 때문에 스펙트럼의 모양을 제대로 이해하기 위해서는 전자들이 원자내부에서 어떤 상태로 존재하는지 그리고 어떤 궤도에 어떻게 배열하고 있는지 등에 대한 상세한 정보를 알아야만 한다. 전자들이 궤도를 채우는 데에는 아마 어떤 특별한 규칙이 있을 것 같다. 특히 수소보다 무거운 원자들은 더 많은 전자들을 가지고 있기 때문에 이 전자들을 제대로 배열시키기 위해서는 그에 합당한 원리나 규칙이 분명 있어야만 한다. 지구상에 존재하는 모든 물체들은 중력에너지가 최소인 지면에 존재할 수 있지만 원자들의 경우 원소주기율표에 나와 있는 전자들의 배열을 보면 모든 전자들이 $n = 1$인 최소에너지 상태에 함께 있지 않다. 중력의 경우 높은 곳에 있는 물체들은 전부 바닥으로 떨어질 수 있는데 전자들은 왜 모두가 최소에너지 상태로 떨어질 수 없는가? 여기에는 분명 그럴 만한 이유가 있어야만 한다. 과연 전자들의 배열을 지배하는 기본원리는 무엇일까?

1925년 파울리는 '배타원리(exclusion principle)'를 제안했다. 배타원리란 '하나의 양자상태에는 오직 하나의 전자만 존재할 수 있다.'는 것이다. 다시 말해 동일한 양자수를 가진 전자들이 하나의 상태에 절대로 함께 들어갈 수 없다는 것이다. 이 원리에 따르면 왜 모든 전자들이 바닥상태로 떨어질 수 없는지 그 이유를 알 것 같다. 배타원리에 따라 각 궤도에 채워질 수 있는 전자의 수가 제한되기 때문이다. 원소주기율표에 나타나 있는 전자배열은 바로 배타원리에 따라 결정된 것이다. 그렇다고 모든 양자역학적 입자가 배타원리의 지배를 받는 것은 아닌데, 배타원리가 적용되는 양자역학적 입자군을 통틀어 '페르미온(fermion)'이라고 한다. 입자군은 스핀을 이용하여 구분하는데 양자역학적 입자들이 가질 수 있는 스핀은 $\hbar/2$의 홀수 배이거나 짝수 배만 가능하다.

$$0, \pm\frac{1}{2}\hbar, \pm\hbar, \pm\frac{3}{2}\hbar, \pm 2\hbar, \pm\frac{5}{2}\hbar, \cdots$$

이 값들은 반정수 스핀 $\frac{\hbar}{2}$, $\frac{3\hbar}{2}$, $\frac{5\hbar}{2}$, $\cdots$과 정수 스핀 $0, \hbar, 2\hbar, \cdots$으로 나눌 수 있는

데, 반정수 스핀을 가진 입자들을 페르미온 그리고 정수 스핀을 가진 입자들을 '보존 (boson)'이라고 한다. 페르미온인 입자로는 전자를 포함하여 양성자, 중성자, 그리고 쿼크 등이 있고, 보존인 입자로는 광자, 중력자 그리고 스핀 0인 중간자 등이 있다. 페르미온은 배타원리 때문에 하나의 양자상태에 하나의 입자만 허용되지만 배타원리를 따르지 않는 보존은 하나의 양자상태에 여러 입자들이 동시에 공존할 수 있다. 보존과 같이 여러 입자들이 하나의 양자상태를 공유할 때 이 입자들은 '축퇴(degeneracy)'되어 있다고 한다. 그림 13.7은 페르미온인 2개의 전자가 바닥상태를 동시에 채울 수 없는 경우와 여러 개의 보존이 하나의 상태에 공존할 수 있는 상황을 묘사한 것이다.

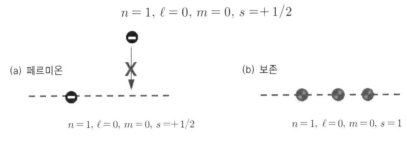

그림 13.7 양자수가 동일한 2개의 페르미온과 3개의 보존.

그림 13.7(a)는 4개의 양자수 n, ℓ, m, s가 모두 같은 2개의 전자가 하나의 궤도를 동시에 채울 수 없는 상황을 나타낸다. 바로 배타원리 때문이다. 하지만 보존은 배타원리를 따르지 않기 때문에 양자수가 같더라도 하나의 상태에 여러 개의 입자들이 공존할 수 있다. 그림 13.7(a)을 다시 한번 살펴보면 배타원리 때문에 위에 있는 전자가 아래 궤도로 떨어지지 못하는 것이 마치 척력이 작용하는 것과 같다. 이와 같이 배타원리 때문에 발생하는 척력을 '축퇴압(degeneracy pressure)'이라고 한다. 파울리의 배타원리가 적용된 물리현상들을 간단히 살펴보도록 하자.

원소주기율표의 전자배열

수소원자를 제외한 나머지 대다수의 원자들은 많은 전자들을 가지고 있기 때문에 원자핵 주위에 전자들이 어떻게 분포하고 있는지를 명확하게 정의하기 위해서는 4개의 양자수 n, ℓ, m, s를 먼저 결정해야 된다. 양자수들 사이의 관계는 다음과 같이 정의된다.

$$n = 1, 2, 3, \cdots, \infty. \quad \ell = 0, 1, 2, 3, \cdots, n-1$$

$$-\ell \leq m \leq \ell, \ s = \pm\frac{1}{2}$$

그리고 각 m에는 2개의 전자$(s = \pm\frac{1}{2})$가 할당된다. 위의 결과를 종합해보면 하나의 궤도에 허용되는 최대 전자의 수가 $2n^2$개가 된다는 것을 알 수 있다. 따라서 전체 전자의 수는 주양자수 n에 따라 결정되며 전자들의 세부적인 배열은 나머지 세 양자수에 의해 결정된다. 예를 들어 $n = 1$인 경우 가능한 ℓ은 0뿐이며, m의 가능한 상태도 0뿐이라는 것을 알 수 있다. 각 m에는 스핀이 다른 2개의 전자가 허용되기 때문에 $m = 0$인 상태에는 2개의 전자가 할당된다. 결국 $n = 1$인 상태에 들어갈 수 있는 최대 전자의 수는 2개로 $2n^2 = 2 \times (1^2)$과 같다는 것을 알 수 있다. $n = 2$인 궤도에 들어갈 수 있는 전자의 최대 수는 $2n^2 = 2 \times (2^2)$로 8개가 되는데 위의 규칙에 따라 이 전자들을 한번 배열시켜보자.

$$n = 2, \quad \ell = 0, 1, \quad \ell = 0 : m = 0, \ \ell = 1 : m = -1, 0, 1$$

$$\ell = 0, m = 0 \rightarrow \left\{ +\frac{1}{2}, \ -\frac{1}{2} \right\} - 2개$$

$$\ell = 1, m = -1 \rightarrow \left\{ +\frac{1}{2}, \ -\frac{1}{2} \right\} - 2개$$

$$\ell = 1, m = 0 \rightarrow \left\{ +\frac{1}{2}, \ -\frac{1}{2} \right\} - 2개$$

$$\ell = 1, m = 1 \rightarrow \left\{ +\frac{1}{2}, \ -\frac{1}{2} \right\} - 2개$$

$\ell = 0$인 상태에 2개, $\ell = 1$인 상태에 6개로 총 8개의 전자가 $n = 2$인 상태에 채워진다는 것을 알 수 있다. $n = 3$인 궤도는 총 18개의 전자를 채울 수 있는데 갑자기 좀 많아지긴 했지만 어쨌든 위의 규칙에 따라 차곡차곡 채워 넣을 수가 있다. 이 경우 가능한 $\ell = 0, 1, 2$가 되고 $n = 1$인 경우에 비해 $\ell = 2$인 상태가 더 추가되어 있다는 것을 알 수 있다. 일반적으로 원자의 특성은 가장 바깥에 있는 전자가 어떻게 배열해 있느냐에 따라 결정되는데 이러한 전자를 최외각전자 또는 '가전자(valence electron)'라고 한다. 따라서 위와 같은 규칙에 따라 전자를 채워나가면 원소주기율표에 있는 모든 원자의 전자배열뿐만 아니라 가전자 상태도 함께 알 수 있으며 이 정보를 이용하면 원자의 특성도 쉽게 이해할 수 있다. 다음 표는 주양자수에 따라 각 궤도에 전자들이 어떻게 배열하는지를 보여준다.

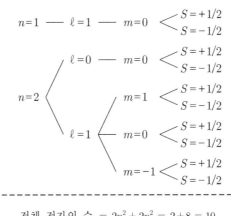

$$\text{전체 전자의 수} = 2n_1^2 + 2n_2^2 = 2 + 8 = 10$$

전체 전자의 수가 10개인 걸로 봐서 원자번호가 10번인 네온, Ne의 전자배열이라는 것을 알 수 있다. $n=2$인 궤도에 채워질 수 있는 전자의 수는 8개인데 네온의 경우에는 8개 모두 채워져 있는 상태이다. 따라서 네온의 최외각에는 $2n^2=8$개의 전자들로 완전하게 채워져 있기 때문에 더 이상의 전자를 필요로 하지 않는다. 전자의 수가 모두 충족되었기 때문에 다른 원소들과 반응할 필요가 없다. 이처럼 다른 원소들과 반응하지 않고 안정한 상태를 유지하는 원소들을 '불활성 원소(inert atom)'라고 한다. 따라서 네온과 같이 최외각 전자의 수가 $2n^2$개를 만족하는 이런 기체 원소들을 '불활성기체'라고 부른다. 최외각 전자의 수가 $2n^2$개보다 많거나 적을 경우에는 다른 원소들로부터 전자를 주거나 받으면서 안정한 상태를 찾아간다. 원소주기율표에 있는 모든 원소들의 전자배열이나 화학적 성질들은 결국 배타원리에 따라 결정된다는 것을 알 수 있다.

전자의 축퇴와 난장이별

별의 진화단계에서 별의 질량이 태양 질량의 ~1.44배보다 적을 경우 별 내부에서는 더 이상의 핵융합반응이 일어나질 않아 중력에 의한 수축을 막을 길이 없다. 현재 태양은 아주 활발하게 핵융합반응을 하고 있기 때문에 이 과정에서 발생하는 열로 인해 태양을 구성하고 있는 기체들은 엄청난 압력으로 팽창하게 된다. 하지만 중력수축에 의한 압력과 균형을 이루면서 지금처럼 완전한 구 모양을 유지하고 있다. 그런데 열에 의한 팽창 압력이 약해지면 중력에 의해 끝없이 수축하게 될 것이다. 이런 과정을 중력붕괴라고 하는데 이때 별은 과연 어디까지 수축하게 될까? 질량이 태양 질량의 ~1.44배 정도 되는 별들의 경우에는 중력붕괴를 막을 수 있는 새로운 반발력이 생기는데 그 이유는 바로 파울리의 배타원리 때문이다. 별들이 중력에 의해 계속 수축되면 별을 이루고 있는 원자들 사이의 거리도 점점 가까워지게 되고 결국은 원자 자체의 체적도 점점 줄어들게 된다. 원자의 체적이 줄면서 서로 다른 양자수를 가진 전자들이 좁은 곳으로 모여든다. 전자들이 점점 더 가까워지면 여러 개의 전자가 하나의 상태에 들어가야 할 상황에 도달하게 된다. 하지만 이때 배타원리가 전자들이 한 곳에 있지 못하게끔 작동한다. 전자들이 한 곳에 있는 것을 '전자축퇴(electron degeneracy)'라고 하는데 배타원리가 전자축퇴를 방해하기 때문에 더 이상 수축이 일어날 수 없게 된다. 이때 전자축퇴를 방해하는 힘을 '전자축퇴압'이라고 한다. 결국 중력에 의한 수축과 전자축퇴압에 의한 반발력이 균형을 이루면서 중력붕괴는 멈추게 된다. 이런 별들을 가리켜 '백색왜성' 또는 '흰색의 난장이별(white dwarf star)'이라고 부르며 별의 일생에 있어서 마지막 진화단계에 있는 별이다.

중성자의 축퇴와 중성자별

태양 질량의 2~3배 질량을 가진 별들은 진화의 마지막 단계에서 별 내부의 핵융합 및 핵분열 과정이 약해지면서 중력수축을 견딜 만한 충분한 열팽창에 의한 압력을 만들지 못한다. 그렇기 때문에 중력에 의해 지속적으로 수축되면서 전자축퇴가 일어나는 상황까지 가게 된다. 그러나 별의 질량이 태양 질량의 ~1.44배보다 작을 경우에는 중력이 그렇게 강하지 않기 때문에 전자축퇴 한계에 이르면 별은 더 이상 수축하지 않고 멈추게 되지만 태양보다 2~3배 무거운 별들은 전자축퇴압을 극복할 만큼 중력이 충분히 강하기 때문에 전자축퇴를 넘어 계속 수축이 일어난다. 이 수축은 원자핵 속의 양성자와 전자가 합쳐질 정도까지 진행되며 결국 중성자들로만 이루어진 상태에 다다르게 된다. 중성자도 전자와 마찬가지로 페르미온이기 때문에 파울리의 배타원리에 따라 2개의 중성자가 한 상태에 동시에 존재할 수 없게 된다. 따라서 여러 개의 중성자들을 한 상태에 모두 집어넣으려고 하면 배타원리에 의한 반발력을 극복할 정도로 중력이 강해야만 한다. 결국 태양 질량의 2~3배 정도의 질량을 가진 별들이 가진 중력은 중성자축퇴압과 평형을 이루면서 중력붕괴는 멈추게 된다. 중성자들로만 이루어진 이러한 별들을 '중성자별(성)(neutron star)'이라고 한다. 만약 별의 질량이 태양 질량에 비해 아주 크면 중력이 너무 강한 나머지 '중성자축퇴압'마저 극복하고 끝없이 수축하게 되는데 이런 별들은 '블랙홀(black hole)'로 최후를 맞이하게 된다.

이처럼 파울리가 발견한 배타원리는 원자세계에서부터 저 먼 우주의 천체에 이르기까지 그 영향력이 미치지 않는 곳이 없다. 배타원리도 전 우주의 운행원리로써 그 역할을 톡톡히 해내고 있는 셈이다. 비록 양자역학이 미시세계로부터 시작되긴 했지만 그 결과는 우주 전체의 현상들을 아우르고 있음을 알 수 있다.

슈뢰딩거 고양이와 양자얽힘(Schrodinger's Cat and Quantum Entanglement)

양자이론에서 파동함수의 의미는 보어와 하이젠베르크 그리고 본을 주축으로 하는 '코펜하겐학파의 해석(Copenhagen interpretation)'에 기초를 두고 있다. 이 학파의 해석이 지금까지도 학계의 정설로 받아들여지고 있다. 코펜하겐학파의 주장에 따르면 측정을 하기 전에는 양자역학적 대상에 대한 어떠한 정보도 얻을 수가 없으며 측정을 통해서만 주어진 대상에 대한 물리적 정보를 얻을 수 있는데 그것도 인과율에 따라 정확하게 알 수 있는 것이 아니라 '확률'로만 알 수 있다는 것이다. 예를 들어 어떤 양자역학적 대상이 두 가지 가능한 상태, ψ_1과 ψ_2를 가질 수 있다고 가정해보자. 그럼 이 대상의 양자역학적 상태는 이들 두 상태의 중첩에 의해 $\psi = \psi_1 + \psi_2$가 된다. 이런 상태에 있는 양자역학적 대상을 발견할 확률은 파동함수의 제곱으로 주어진다.

$$P = \psi^* \psi = |\psi|^2 = |(\psi_1 + \psi_2)|^2$$

$$= (\psi_1^* + \psi_2^*)(\psi_1 + \psi_2)$$

$$= |\psi_1|^2 + |\psi_2|^2 + \psi_1^* \psi_2 + \psi_2^* \psi_1$$

이 식을 보면 4개의 항들로 이루어져 있는데 측정 전에는 이 상태들이 중첩된 채로 모두 존재하게 된다. 만약 측정에 의해 이 양자역학적 대상이 ψ_1 상태로 결정되는 순간 위 식의 첫 번째 항을 제외한 나머지 세 항들은 측정과 동시에 모두 사라지게 된다.

ψ_2로 상태가 결정되면 이 상태를 제외한 나머지 상태들도 역시 사라지게 된다. 측정 전과 후의 양자역학적 대상의 상태가 변하게 되는 것을 알 수 있다. 이 식의 또 다른 특징은 ψ_1과 ψ_2가 결합된 항들이 포함되어 있다는 것이다. 바로 세 번째와 네 번째 항들이다. 이것은 두 상태들의 간섭에 의해 나타난 결과로 두 상태들이 중첩된 채로 발견될 확률을 각각 나타낸다. 다시 측정으로 돌아가보자. 측정을 통해 하나의 상태가 결정되는 순간 나머지 상태들은 일시에 사라진다고 했었는데 이렇게 여러 상태들은 서로 얽혀 있어 측정에 따라 그 운명이 갈라지게 된다. 이와 같이 측정이라는 과정을 통해 하나의 상태로만 결정되는 것을 '고유상태로 붕괴한다.'라고 한다. 정리해보자면 측정 전에는 여러 상태들이 중첩된 채로 존재하지만 측정 후에는 고유상태로의 붕괴가 일어나면서 고유상태와 관련된 정보를 확률로만 알 수 있게 된다. 이것이 바로 코펜하겐학파의 주장이다.

양자이론을 확률로 해석하는 코펜하겐학파의 이러한 주장을 달갑지 않게 생각하는 학자들이 있었는데 대표적인 인물들이 슈뢰딩거와 아인슈타인이다. 코펜하겐학파의 대부였던 보어는 측정을 하지 않고 물리적 실재를 논할 수 없으며, 측정을 통해서 확률적으로만 물리적 대상의 존재를 파악할 수 있다고 주장하였다. 하지만 아인슈타인은 양자이론의 확률적 해석을 뒤로하고 언제나 물리적 실재는 관측자와 무관하게 존재하며 인과율에 따라 정확하게 측정 결과를 얻을 수 있다고 주장했다. 이렇게 상충되는 양자이론 해석에 대한 견해차이로 보어와 아인슈타인의 논쟁은 끝없이 이어졌다. 마침내 1935년 아인슈타인 (Einstein)은 포돌스키(Podolsky), 로젠(Rosen)과 함께 '양자역학이 물리적 실재를 완전하게 기술할 수 있는가?'라는 제목으로 논문을 발표하게 되는데 지금은 세 사람 이름의 첫 글자를 따서 'EPR paradox'로 알려져 있다. 이들 세 사람은 그 당시 많은 학자들에게 정설로 받아들여지고 있던 양자이론에 대한 코펜하겐학파 해석의 문제점을 드러내기 위해 '이피알(EPR) 역설'이라는 사고실험을 하게 된다. 양자세계를 기술하는 이론 자체가 불완전하다는 것을 증명하기 위한 것이었다. 그럼 이피알(EPR) 역설이 무엇인지 한번 살펴보자. 그림 14.1과 같이 검은색 구슬과 회색 구슬이 중앙에 놓여 있는 사각형 통에 들어 있다. 두 구슬은 빛의 속력으로 서로 반대방향으로 달려간 후 검출기를 통해 측정된다. 만약 오른쪽에서 측정된 구슬이 회색 구슬이면 왼쪽에서는 어떤 구슬이 측정될까? 단 측정하기 전에는 두 구슬이 빛의 속력으로 서로 멀어지기 때문에 둘 사이에는 어떠한 정보의 교환도 일어날 수 없다. 상대성이론의 광속불변의 원리에 따라 그 어떤 정보도

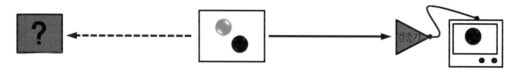

그림 14.1 구슬 측정 실험.

빛의 속력보다 빨리 전달될 수 없기 때문이다. 과연 왼쪽 상자에는 어떤 구슬이 들어가 있을까?

결론은 너무나 명백하다. 오른쪽에서 회색 구슬이 검출되었다면 측정해보지 않아도 왼쪽에는 당연히 검은색 구슬이 검출될 것이라는 것을 예상할 수 있다. 두 지점 사이에는 그 어떤 정보도 교환된 적이 없는데 우리는 어떻게 검은색 구슬이라고 확신할 수 있을까? 아인슈타인의 주장에 따르면 두 구슬의 색은 '물리적으로 실재'하는 성질이기 때문에 관측자의 측정과 무관하게 이미 두 구슬의 색은 결정되어 있었다는 것이다. 따라서 한쪽이 결정되는 순간 나머지 한쪽이 자동적으로 결정될 수밖에 없는 것이다. 이 사실은 오른쪽과 왼쪽에 있었던 관측자들이 나중에 만나서 서로의 구슬을 비교해보면 위의 결과가 옳다는 것을 단번에 알 수 있다. 이것이 바로 고전물리학적 시각인 동시에 우리들의 일상경험과 정확하게 일치하는 결과이다. 아인슈타인이 보어에게 주장하고자 했던 것이 바로 이것이다. 여기에는 확률이라고 할 만한 것은 전혀 없으며 오직 확신뿐이다. 이 결과를 기초로 아인슈타인은 양자이론의 확률적 해석 자체가 이미 불완전성을 내포하고 있다고 주장한다. 자연현상이 인과율이 아닌 확률에 따라 결정된다면 거기에는 반드시 우리가 모르는 무엇인가가 있기 때문이라고 아인슈타인은 주장한다. 양자이론의 불완전성이 바로 우리가 모르는 그 어떤 변수 때문이라는 것이다. 이렇게 양자이론에서 간과한 숨어 있기 때문에 보이지 않는 이 변수를 아인슈타인은 '숨은변수(hidden variable)'라고 불렀다. 즉, 숨은변수는 양자이론에서 놓치고 있는 실재에 대한 정보와 관련된 변수를 말한다. 따라서 양자이론이 완전해지기 위해서는 숨은변수를 고려해야만 하는데 이렇게 숨은변수를 포함한 가상의 이론체계를 '숨은변수이론(hidden variable theory)'이라고 한다. 이 이론에 따르면 숨은변수를 포함하지 않은 양자이론은 그 자체가 이미 불완전하기 때문에 측정결과는 확률로밖에 나타낼 수 없다는 것이다. 이것은 마치 고전물리학에서 열적 현상을 다룰 때 미시세계의 보이지 않는 변수들, 즉 원자나 분자들의 위치나 속도와 같은 변수들에 대한 정확한 정보를 모르기 때문에 '통계적 확률'로 해석하는 것과 흡사하다. 아인슈타인의

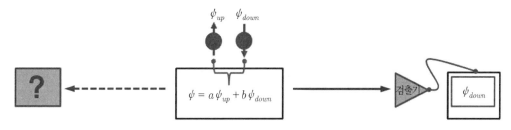

그림 14.2 전자의 스핀 측정 실험.

이러한 주장을 보어는 어떻게 받아들였을까? 이번에는 보어의 주장을 한번 살펴보자. 구슬 대신에 전자를 가지고 위에서 한 사고실험을 다시 한번 해보자. 스핀방향이 서로 반대인 두 전자가 다음 그림과 같이 중앙에 있는 상자에 들어 있다. 2개의 전자로 이루어진 하나의 양자역학적 시스템에 대한 상태는 업-스핀의 상태 ψ_{up}와 다운-스핀의 상태 ψ_{down}가 결합하여 $\psi = a\psi_{up} + b\psi_{down}$가 된다. 여기서 $|a|^2$은 업-스핀을 가진 전자를 발견할 확률을 그리고 $|b|^2$은 다운-스핀을 가진 전자를 발견할 확률을 나타낸다. 두 전자는 역시 빛의 속력으로 반대방향을 향해 달려가고 있다.

이 경우에도 두 전자 사이에는 아무런 정보의 교환이 없었다. 오른쪽에서 측정을 했더니 다운-스핀을 가진 전자가 검출되었다. 왼쪽에 도달하는 전자는 어떤 스핀을 가진 전자인 가? 양자역학적 해석에 따라 검출기에 도착하기 직전까지 두 전자들의 고유상태는 업-스핀 또는 다운-스핀이 아니라 두 상태가 중첩된 그런 상태에 있다. 하지만 측정이 시작되면서 오른쪽에서 다운-스핀의 전자가 검출되는 순간 '고유상태의 붕괴'가 일어나면서 왼쪽에 도달하는 전자의 중첩된 고유상태는 바로 업-스핀으로 '고유상태의 붕괴'가 일어난다. 보어의 주장에 따르면 측정 전에 두 전자 사이에는 아무런 정보교환이 없었는데도 두 검출기에서 전자의 상태가 순간적으로 결정될 수 있는 이유는 처음부터 두 전자의 스핀상태가 양자역학적으로 얽혀 있었기 때문이라는 것이다. '양자얽힘(quantum entanglement)'이란 두 상태가 독립적이지 않고 중첩되어 있다는 의미다. 즉, 두 전자의 스핀상태가 양자역학적으로 얽혀 있었기 때문에, 다시 말해 두 전자의 스핀에 대한 정보가 서로 얽혀 있었기 때문에 하나가 결정되는 순간 그 나머지 하나도 순간적으로 결정될 수 있다는 주장이다. 결론적으로 보어가 주장하는 것은 어떤 두 시스템이 무한히 멀리 떨어져 있더라도 양자상태의 얽힘 때문에 한 곳에서 측정이 이루어지는 순간 다른 한 곳에서의 상태도 동시에 결정될 수 있다는 것이다. 양자얽힘 때문에 광속보다 빨리 정보전달이 가능하다는

그림 14.3 슈뢰딩거의 고양이.

보어의 주장에 대해 아인슈타인은 한탄 섞인 어투로 '유령 같은 원격작용(spooky action at a distance)'이라고 에둘러 표현하기도 했다. 아인슈타인의 주장과 보어의 주장! 누구의 주장이 옳을까? 본래 물체가 가진 변하지 않는 본성 때문에 두 상태가 독립적으로 결정된다는 주장과 양자얽힘 때문에 두 상태가 동시에 결정된다는 주장, 어느 쪽이 참일까? 결과는 같은데 두 해석이 다르다. 결정은 잠시 미뤄두고 슈뢰딩거의 주장도 한번 들어보자.

코펜하겐학파의 해석을 싫어하는 또 한 사람의 위대한 물리학자가 있었다. 바로 슈뢰딩거다. 슈뢰딩거 역시 양자이론에 대한 코펜하겐학파의 해석이 모순투성이라는 것을 보여주기 위해 '슈뢰딩거 고양이'라는 가상의 실험을 고안하여 사고실험을 했다. 이 실험은 파동성을 가진 양자역학적 원자, 가이거계수기, 시안화수소가 들어 있는 병, 망치 그리고 고양이로 구성되어 있으며 실험을 위한 장치구성은 그림 14.3과 같다.

상자 속에는 원자를 감지할 수 있는 가이거계수기, 아주 강한 독성을 지닌 무색의 기체인 시안화수소가 들어 있는 유리병, 병을 깨트리기 위한 망치 그리고 고양이가 들어 있다. 지금부터 슈뢰딩거 고양이에 대한 사고실험을 한번 해보자. 코펜하겐학파의 해석에 따르면 우리가 관심을 가지고 있는 어떤 물리계의 상태는 확률에 의해서만 결정된다. 따라서 슈뢰딩거 고양이 역시 확률에 기초를 두고 실험이 진행될 것이다. 양자역학적 원자의 상태를 기술하는 확률파동이 반투명 거울을 통과하면서 절반으로 나눠진다. 둘 중의 하나는 가이거계수기로 들어가고 나머지 하나는 상자의 바깥으로 진행한다고 하자. 이 경우 원자를 기술하는 파동함수는 두 가지 상태가 중첩된 형태가 된다. 따라서 가이거계수기 속으로 원자가 들어올 확률도 두 가지 상태가 중첩된 형태가 될 것이다. 즉 들어왔을 수도 있고 안 들어왔을 수도 있다. 우리가 직접 상자를 열어보기 전에는 가이거계수기가 작동했는지 안 했는지 절대로 알 수가 없다. 만약 가이거계수기가 작동하면 망치가 움직여 시안화수소가 들어 있는 병을 깨뜨리게 되고 그러면 병 속의 기체가 상자를 가득 메우게 될 것이다. 이럴 경우 고양이는 결국 죽게 될 것이다. 이 실험에서는 가이거계수기의 작동여부에 따라 상자 속의 고양이가 죽을 수도 그렇지 않을 수도 있다. 상자를 직접 열어 확인하기 전까지는 고양이 역시 두 확률, 즉 죽을 확률과 살아 있을 확률이 중첩되어 있는 상태가 된다. 우리의 상식으론 절대로 이해할 수 없는 일이다. 어떻게 죽은 상태와 살아 있는 상태가 공존할 수 있는가? 그러나 양자이론에 따르면 상자의 뚜껑을 열기 전에는 고양이는 절반은 살아 있고 절반은 죽은 상태가 혼재되어 있는 것이다. 이것이 확률과 양자얽힘으로 해석되는 양자이론의 모순성이다. '슈뢰딩거 고양이'를 통해 슈뢰딩거가 보여주고 싶었던 것이 바로 이것이다. 살아 있는 상태와 죽은 상태가 공존하는 그런 생물은 우리가 아는 한 이 우주 어디에도 존재하지 않는다. 그리고 고양이의 삶과 죽음이 상자의 뚜껑을 여는 관측자의 행위에 따라 결정된다는 것 또한 우리의 상식으론 도무지 이해할 수 없을 뿐만 아니라 허무맹랑하기까지 하다. 슈뢰딩거가 지적한 양자이론의 이러한 모순성은 지금도 많은 학자들 사이에서 지속적으로 논의되고 있는 21세기의 화두다.

보어와 코펜하겐해석 그리고 아인슈타인과 슈뢰딩거가 주축인 이들 양진영에서 벌어진 논쟁의 결말은 무엇인가? 우리는 어느 진영의 주장을 수용해야 하는가? 만약 한 진영의 주장을 수용한다면 거기에는 어떤 합당한 이유가 있는가? 이런 물음들에 대한 답을 줄 수 있는 근거를 찾아 나선 학자가 있다. 이 양대 진영의 논란을 종식시키기 위해 존 벨(John Bell)이라는 학자가 등장하게 되는데 그의 이론에 따라 지금은 어느 정도 논쟁이 진정되었다고 할 수 있다. 벨의 이론은 '벨 부등식(Bell's inequality)'으로 널리 알려져 있는데 이 이론에 따르면 아인슈타인의 주장이 옳을 경우 언제나 벨 부등식이 만족되어야 한다는 것이다. 좀 더 세부적으로 이야기하자면 관측자의 관측과 무관하게 존재하는 '실재성(reality)', 즉 달은 우리가 보든 안 보든 언제나 실재한다는 성질과 '국소성(locality)' 또는 '분리성(separability)', 즉 공간적으로 멀리 떨어져 있는 어떠한 대상들도 광속보다 빠르게 정보를 교환할 수 없기 때문에 그런 의미에서 서로는 아무런 얽힘도 없이 분리되어 독립적으로 존재하는 성질, 이 두 가지 본성을 가진 물리적 대상들이 만족하는 어떤 통계적 결과가 바로 벨 부등식이다. 이 두 가지 전제조건은 아인슈타인의 주장을 그대로 반영한 것이기 때문에 만약 벨 부등식이 항상 만족된다면 양자이론에

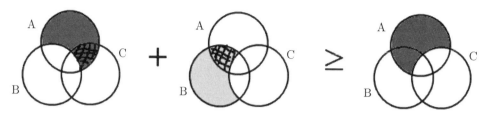

그림 14.4 벤다이어그램으로 나타낸 벨 부등식.

대한 보어의 해석은 틀리게 된다. 이럴 경우 아인슈타인의 말처럼 양자이론은 불완전한 이론체계가 되는 것이다. 결국 벨 부등식은 이피알(EPR) 역설의 정당성을 증명할 수 있는 강력한 이론적 전제조건인 것이다.

벨 부등식 속에 담겨 있는 의미가 무엇인지 잠시 살펴보도록 보자. 동전의 앞면과 뒷면처럼 동시에 일어날 수 없는 두 사건이 일어날 확률은 각 사건이 일어날 확률의 합으로 결정된다. 이와 같이 동시에 일어날 수 없는 세 사건들의 조합으로 정의되는 확률들 사이에는 어떤 통계적 부등식이 성립하는데 그림 14.4의 벤다이어그램과 같은 관계를 만족하는 부등식을 '벨 부등식'이라 한다.

첫 번째 벤다이어그램은 사건 B는 일어나지 않고 사건 A가 일어날 확률, $P(A, \overline{B})$, 두 번째는 사건 C는 일어나지 않고 사건 B가 일어날 확률, $P(B, \overline{C})$ 그리고 부등식의 오른쪽에 있는 벤다이어그램은 사건 C는 일어나지 않고 사건 A가 일어날 확률, $P(A, \overline{C})$을 각각 나타낸다. 첫 번째와 두 번째 벤다이어그램에 표시되어 있는 빗금은 A 속에 포함되어 있는 C와 B 속에 포함되어 있는 A를 각각 나타낸다. 벤다이어그램을 간단한 부등식으로 나타낼 수 있는데 아래 관계식이 바로 벨 부등식을 나타낸다.

$$P(A,\overline{B}) + P(B,\overline{C}) \geq P(A,\overline{C})$$

벤다이어그램 각 영역에 번호를 매겨 위 부등식 관계를 다시 한번 확인해보자.

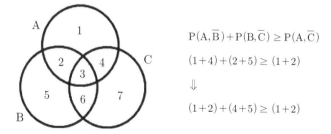

좌변과 우변을 비교해보면 벨 부등식이 언제나 만족되는 것을 알 수 있다. 이처럼 벨 부등식은 앞서 이야기한 두 전제조건을 기초로 공간적으로 서로 분리되어 있는 두 시스템에서의 측정의 통계적 한계를 제시한다. 따라서 벨 부등식의 성립여부가 이피알 (EPR) 역설이 옳은지 아니면 양자이론에 대한 코펜하겐학파의 확률적 해석이 옳은지를 판단할 수 있는 중요한 잣대가 된다.

그림 14.5는 여러 방향으로 진동하는 빛이 편광자를 통과하면서 편광자 축 방향과 나란하게 진동하는 빛만 통과하는 것을 보여준다. (a)와 (b)는 편광자축과 빛의 진동방향이 나란한 경우이고 (c)는 편광자 1과 편광자 2가 서로 수직으로 배열되어 있는 상황을 나타낸다. (c)의 경우에는 편광자 1을 통과한 빛은 편광자 2를 통과하지 못하게 된다. 여기서 편광자는 입체영화를 볼 때 착용하는 편광안경의 그 편광렌즈 또는 편광필름과 같은 것이다.

그림 14.5 빛의 편광.

그림 14.6(a)는 그림 14.5(c)와 같은 상황을 보여준다. 그림 14.6(b)는 편광자 2의 축 방향이 편광자 1의 축 방향에 대해 α만큼 돌아가 있는 것을 볼 수 있다.

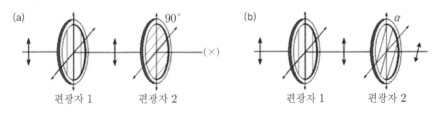

그림 14.6 편광축과 편광.

이런 경우에는 빛의 일부만이 편광자 2를 통과할 수 있는데 그 일부는 편광자 1을 통과한 빛 중에서 편광자 2의 축과 나란한 성분만 통과할 수 있다. 하지만 빛의 세기는 $\cos^2\alpha$만큼 줄어들게 된다. 따라서 편광자를 어떻게 배열하는가에 따라 빛이 측정될

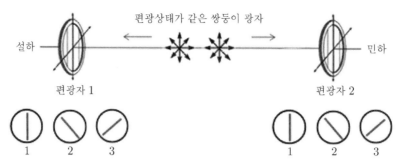

그림 14.7 벨 부등식을 조사하기 위한 실험.

수도 그렇지 않을 수도 있다. 그런가 하면 각도에 따라 약간 어두운 빛이 측정되기도 할 것이다. 여기서 어두운 빛은 발견할 확률이 적다는 의미로도 해석할 수 있다. 그림 14.7은 벨 부등식을 조사하기 위한 실험으로 쌍둥이 광자를 사용한다. 두 광자의 편광상태는 아직 결정된 건 아니지만 어쨌든 둘은 쌍둥이이기 때문에 같은 방향으로 편광이 된 광자들이다. 중심에는 쌍둥이 광자들을 끊임없이 만들어내는 공장이 있다. 이 광자들을 검출하기 위해 설하와 민하는 1(수직), 2($\alpha = 120°$), 3($\alpha = 240°$)으로 표시되어 있는 편광자를 무작위로 선택할 수 있다.

그렇게 1, 2, 3 세 경우를 조합하여 실험을 해볼 수 있는데, 광자가 1번 편광자를 통과할 확률에 대해서 2번 편광자의 두 확률(통과, 불통과) 그리고 3번 편광자의 두 확률(통과, 불통과) 모두를 합치면 4가지 경우의 수를 얻을 수 있으며, 광자가 1번 편광자를 통과하지 못할 확률에 대해서도 마찬가지로 2번 편광자의 두 확률(통과, 불통과) 그리고 3번 편광자의 두 확률(통과, 불통과) 모두를 합치면 4가지 경우로 전체 8가지 경우에 대한 결과를 얻을 수 있다. 8가지 경우들에 대해 설하와 민하가 측정하게 되는 결과는 어떤 것이었을까? 결과는 벨 부등식을 위배하는 것이었다. 벨 부등식에 반하는 결과가 나왔던 것이다. (결과에 대한 세부설명은 이 책의 범위를 벗어나기 때문에 생략하였다. 독자 스스로 이 문제를 한번 탐구해보길 권한다.) 더구나 실험결과가 양자이론으로 예측되는 결과와 같다는 것이다. 1982년 알렌 아스펙트(Alain Aspect)도 광자를 이용하여 양자얽힘과 관련된 실험을 수행했는데 역시 결과는 벨 부등식을 위배하는 것이었다. 최근까지도 벨 부등식을 만족하지 않는 실험결과들이 속속 발표되고 있다.

보어와 코펜하겐학파의 승리였다. 벨 부등식이 깨지는 사례들이 발견되면서 양자이론의 확률론적 해석은 더욱 견고해졌으며 이피알(EPR) 역설과의 논쟁은 일단락되었다. 이제 관측자와 독립적으로 존재할 수 있는 실체가 사라졌다. 우리가 실체라고 할 수 있는 것은 오직 측정을 통해서만 정의된다. 이 결과는 '슈뢰딩거 고양이'를 다시 부활시키는 계기가 되었다. 왜냐하면 벨 부등식이 깨졌다는 것은 서로 멀리 떨어져 있는 시스템들이 양자역학적으로 서로 얽혀 있다는 것과 슈뢰딩거 고양이의 운명이 측정에 의해 좌우된다는 사실을 반증하는 것이기 때문이다. 이제 슈뢰딩거 고양이는 살아 있는 상태와 죽은 상태가 함께 공존하는 그런 상태로도 존재할 수 있게 되었다. 그리고 무한히 멀리 떨어져 있는 두 시스템도 양자역학적으로 서로 얽혀 있기 때문에 한 시스템에서의 측정결과가 다른 한 시스템에 즉각적으로 영향을 끼칠 수 있다는 것도 사실로 받아들여야만 한다. 다시 말해 우주에 존재하는 그 어떤 존재도 서로로부터 독립적일 수 없다는 뜻이다. '양자얽힘' 때문에! 어떠한 정보의 전달도 빛의 속력보다 빠를 수 없는데도 양자얽힘을 이용하면 지구에 있는 어떤 시스템에서 측정한 정보가 우주 저 끝에 있는 또 다른 시스템에 즉각 영향을 미칠 수 있게 되었다. 이런 가능성을 기초로 현재 활발히 연구되고 있는 분야가 바로 '양자컴퓨터'나 '양자전송' 등과 같은 것이다. 양자얽힘 때문에 이 우주 전체가 서로 얽히고설켜 있다. 그래서 완전히 독립적으로 존재하는 실체 또는 성질을 정의할 수 없게 되었다. 이제 인과율이 아닌 오직 확률로서만 우주의 미래를 예측할 수밖에 없다. 지금도 인과율의 틀 속에서 살아가는 우리들은 여전히 확률에 대한 불편함을 숨길 수 없지만 현대문명이 양자역학이라는 거대한 사상의 축을 중심으로 발전해가고 있다는 것 또한 인정하지 않을 수 없다. 21세기 사고의 중심에 양자물리학이 있다.

CHAPTER 15

양자물리학의 응용
(Applications of Quantum Physics)

우리 인간을 포함한 전체 우주는 원자라는 단위세포로 이루어져 있다. 따라서 원자를 이해하는 것이 곧 우주를 이해하는 출발점이라고 할 수 있다. 21세기 현대의 우주관은 바로 원자와 같은 미시세계에 대한 앎을 기초로 하고 있다. 우리는 양자역학이라는 망원경으로 원자를 넘어 저 먼 우주까지 이해하게 되었다. 인류 역사상 자연을 가장 정확하게 기술한다고 알려져 있는 양자역학! 이 역학체계를 가지고 우리가 무엇을 이해하고 또 무엇을 할 수 있는지 구체적인 결과들을 통해 한번 알아보자.

1차원 상자 내에 있는 양자역학적 입자

양자역학은 입자의 정확한 경로를 알려주기보다는 파동함수 ψ가 가진 정보를 이용하여 특정시간에 입자를 어딘가에서 발견할 확률만을 알려준다. 파동함수의 실질적인 역할이 무엇인지 알아보기 위해 아주 간단한 물리계에 슈뢰딩거방정식을 한번 적용시켜보자. 폭이 ℓ인 1차원 상자 속에서 어떤 양자역학적 입자가 1차원 운동을 하고 있다. 이때 이 상자의 높이는 너무 높아 양자역학적 입자는 절대 이 장벽을 넘을 수 없다고 가정해보자. 여기서 다루는 장벽은 마치 지구의 중력이 로켓을 붙잡고 있는 것과 같다. 이런 장벽을 퍼텐셜장벽 또는 퍼텐셜우물이라고 한다. 어쨌든 실제로 눈에 보이는 장벽은 아니고 입자가 어떤 힘에 붙잡혀 있는 정도를 장벽의 높이로 표현한 것이다. 이 입자에 대한

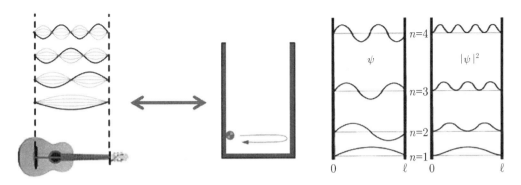

그림 15.1 기타 줄의 진동과 파동함수의 모양.

슈뢰딩거방정식을 풀어보면 그림 15.1의 오른쪽과 같은 파동함수 ψ 모양을 얻을 수 있다. 이 결과를 그림 15.1의 왼쪽에 있는 기타 줄의 진동과 한번 비교해보자. 기타 줄이 진동하는 모양이나 파동함수의 모양이 꼭 같다. 기타의 경우 줄을 세게 칠수록 파장이 짧아지면서 진동수는 증가하게 되는데 이때 기타 줄의 진동수는 가장 아래 놓여 있는 기본진동수의 정수배로 증가하게 된다.

양자역학적 입자의 상태를 나타내는 파동함수의 모양도 기타의 경우처럼 양자수 n에 따라 달라지는 것을 볼 수 있다. 파동함수 역시 $n = 1$일 때 모양의 정수배로 증가하는 것을 알 수 있다. 기타 줄의 진동이나 파동함수의 모양이 같긴 하지만 그 실체는 완전히 다르다. 기타의 경우에는 실제로 줄이 진동하는 것이지만 파동함수는 입자의 실제 운동을 묘사하는 것은 아니다. 파동함수를 제곱한 결과를 보면 그 의미를 알 수 있는데, $|\psi|^2$은 바로 장벽 내에서 입자를 발견할 확률밀도를 나타낸다. $|\psi|^2$을 보면 폭이 ℓ인 상자 내에서 입자가 어디에 있는지 알 수 있는데 $n = 1$인 경우에는 상자의 중심 한 곳에서 입자를 발견할 확률이 가장 높지만 n이 증가할수록 여러 위치에서 입자가 동시에 발견된다. $n = 4$인 경우를 보면 $\ell/4$ 간격으로 네 곳에서 확률밀도가 최대인 것을 확인할 수 있는데 이것은 양자역학적 입자가 이 네 곳에서 발견될 확률이 똑같다는 것을 의미한다. 이렇게 양자역학적 입자는 파동처럼 한순간에 여러 곳에 퍼져 있을 수 있는 것이다.

수소원자

지금까지 살펴본 1차원 상자 문제를 3차원으로 확장하면 바로 수소원자가 된다.

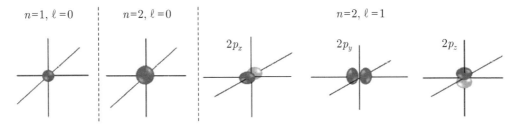

그림 15.2 양자수와 확률밀도.

즉, 수소원자에서 전자는 입자에 대응되고 원자핵인 양성자가 만든 3차원 퍼텐셜장벽은 1차원 장벽에 대응된다. 전자상태에 대한 정보를 알기 위해서는 수소원자에 대한 슈뢰딩거방정식을 풀어야 하는데 이 파동방정식을 푸는 과정은 정말 지루하고 복잡하고 짜증도 나지만 그런 만큼 결과는 더더욱 아름답다. 슈뢰딩거방정식을 풀어보면 수소원자의 스펙트럼을 설명하기 위해 도입된 3개의 양자수 n, ℓ, m가 자연스럽게 유도된다는 것을 알 수 있다. 슈뢰딩거방정식의 첫 번째 쾌거였다. 양자수들이 이론적으로 유도된 건 처음이었다. 슈뢰딩거를 일약 스타덤에 오르게 한 일대사건이었다. 이론적으로 유도되었다는 의미는 이들 세 양자수들이 왜 필요한지 그리고 그 존재의 물리적 이유도 함께 밝혀졌다는 것이다. 1차원 상자 속의 입자와 마찬가지로 전자의 상태 역시 n, ℓ, m으로 결정되는 파동함수 $\psi_{n\ell m}$에 의해 결정되며, 수소 원자핵 주위에서 전자를 발견할 확률은 확률밀도 $|\psi_{n\ell m}|^2$에 의해 결정된다. 몇몇 n, ℓ, m 조합에 해당하는 전자가 원자핵 주위에서 어떻게 분포하고 있는지 알아보기 위해서는 $|\psi_{n\ell m}|^2$을 알아야만 한다. 그림 15.2는 $n=1$인 상태에 있는 전자와 $n=2$인 상태에 있는 전자의 확률밀도를 나타낸다. 그림 15.2에서 ℓ은 n에 따라 결정되는 궤도양자수를 나타내며, 각각의 궤도양자수에는 $(2\ell+1)$개의 자기양자수가 대응된다.

$n=1$, $\ell=0$ 상태와 $n=2$, $\ell=0$인 상태들을 보면 전자를 발견할 수 있는 확률분포가 구형이라는 것을 알 수 있는데 이것은 전자가 원자핵을 중심으로 구면상에 대칭적으로 분포하고 있다는 것을 의미한다. 즉, 전자는 구 표면 전체에 걸쳐 분포하고 있다는 것을 의미한다. 그렇기 때문에 전자의 궤도를 양자역학적으로 묘사할 때는 그림 15.3처럼 전자구름이나 전자껍질과 같은 형태로 나타내는 것이다. 전자가 한순간에 구 표면 전체에 존재할 수 있다는 사실을 선뜻 받아들일 수 없지만 이것이 바로 양자역학적 결과다.

이처럼 슈뢰딩거방정식으로부터 결정되는 전자의 파동함수와 확률밀도를 이용하여

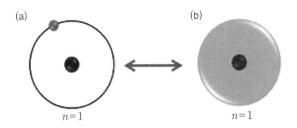

그림 15.3 (a) 전자궤도(입자), (b) 전자구름(양자역학적 전자).

수소원자의 내부구조는 물론 스펙트럼까지 모든 것을 이해할 수 있게 되었다. 양자역학의 첫 번째 성공사례다. 슈뢰딩거방정식이 보이지 않는 원자세계를 너무나 성공적으로 해석해 냈다. 플랑크에서 시작된 양자개념이 슈뢰딩거에 의해 양자물리학으로 성장했다. 슈뢰딩거 이후 양자물리학은 급속도로 발전하였으며 21세기 지금까지도 그 발전은 계속되고 있다.

터널효과(뚫기효과: tunneling effect)

야구공이 어떤 웅덩이에 빠져 그림 15.4와 같이 놓여 있다고 하자. 웅덩이의 중앙에서 야구공을 발견할 확률은 얼마인가? 정확히 100%이다. 그럼 웅덩이 밖에서 야구공을 발견할 확률은 얼마인가? 당연히 0%이다. 물음 자체가 좀 터무니없긴 하다.

이제 1차원 퍼텐셜우물 속에 있는 양자역학적 입자를 한번 살펴보자. $n=1$인 상태에 있는 입자를 발견할 확률밀도는 그림 15.5와 같은데, 장벽의 끝 부분을 확대해보면 확률밀도 곡선이 장벽 바깥으로 확장되어 있는 것을 볼 수 있다.

애초에 상자 속에 있는 입자의 에너지는 장벽을 넘을 정도로 크지 않았다. 그런데도 불구하고 확률밀도 곡선이 장벽 바깥으로 스며나가 있다는 것은 무슨 의미일까? 확률밀도

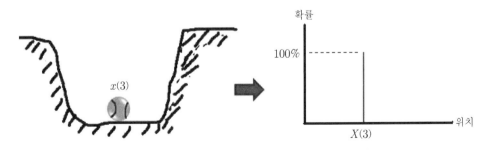

그림 15.4 웅덩이에 빠진 공과 공을 발견할 확률.

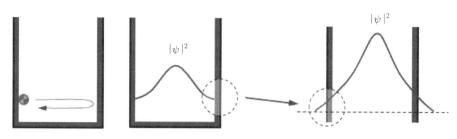

그림 15.5 퍼텐셜우물 속의 양자역학적 입자.

곡선이 존재한다는 것은 이 입자를 발견할 확률이 있다는 의미가 된다. 즉, 장벽 바깥에서 입자를 발견할 수 있다는 것이다. 상식적으론 에너지가 작은 입자는 절대로 장벽을 넘을 수가 없는데도 말이다. 이것 역시 슈뢰딩거방정식의 결과다. 양자역학적 입자가 가진 파동성 때문에 가능한 현상이다. 이와 같이 입자가 가진 에너지가 아주 작아 퍼텐셜장벽을 직접 뛰어 넘을 수 없는데도 불구하고 장벽을 뚫고 지나갈 확률은 존재할 수 있다. 이러한 현상을 터널효과(tunneling effect) 또는 '뚫기효과'라고 한다. 고전 입자와 양자역학적 입자가 장벽에 부딪칠 경우 어떻게 반응하는지 한번 살펴보자. 고전 입자는 장벽과 충돌한 후 그림 15.6처럼 반대방향으로 튕겨나가지만 양자역학적 입자는 터널효과 때문에 장벽과 충돌하는 순간 확률밀도가 그림처럼 여러 부분으로 나눠지게 되는데 그중 일부는 그림처럼 장벽을 뚫고 영역(III)에 도달하게 된다. 즉, 장벽을 뚫고 지나갈 확률밀도가 존재한다는 것이다.

터널효과에 의해 입자가 장벽을 뚫고 반대쪽으로 나올 확률은 입자가 가진 에너지와 퍼텐셜장벽의 두께와 높이에 따라 달라지는데, 퍼텐셜장벽이 낮고 폭이 좁을수록 장벽을 뚫고 지나갈 확률은 높아진다. 터널효과를 응용한 예는 일일이 열거할 수 없을 정도로 많은데 그중에서 가장 대표적인 예가 원자를 직접 볼 수도 있고 옮길 수도 있는 훑기뚫기현미경(scanning tunneling microscope, STM)이다. 지금은 이 현미경을 이용하여 물질표

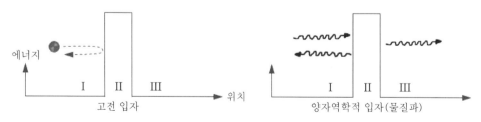

그림 15.6 장벽과 충돌하는 고전입자와 양자역학적 입자.

면의 원자구조를 직접 볼 수도 있고 원자 하나하나를 옮겨 원하는 구조도 만들 수 있다. 터널효과 때문에 가능한 일이다. 거시세계에서도 터널효과가 일어날 수 있을까? 터널효과를 이용하면 우리도 딱딱한 벽을 뚫고 지나갈 수 있지 않을까? 확률이 거의 0%이긴 하지만 완전한 0%는 아니다. 그러나 확률이 너무 작아 일상적인 거시세계에서는 불가능하다. 그러나 터널효과는 소설이나 드라마, 영화 등에서 가장 많이 활용하는 대표적인 양자역학적 효과이기도 하다.

레이저, Laser

레이저는 'Light Amplification by the Stimulated Emission of Radiation'의 첫머리 글자를 따서 Laser로 표현하는데 직역하면 '유도방출에 의한 빛의 증폭'이라는 의미를 담고 있다. 레이저는 전구나 형광등에서 나오는 빛과 달리 결이 잘 맞는 빛들로 이루어져 있어서 멀리까지 진행하더라도 잘 퍼지지 않는 특성을 가지고 있다. 그림 15.7을 보면 보통의 빛과 레이저의 차이를 알 수 있다.

레이저는 양자역학적 원리를 기초로 인공적으로 만들어진 최초의 빛이다. 레이저의 작동원리를 한번 살펴보자. 레이저를 얻기 위한 세부과정은 다음과 같다. 첫 번째 바닥상태에 있던 전자가 외부에서 에너지를 얻어 들뜬상태로 천이해야 된다. 여기서 바닥상태라든가 들뜬상태는 바로 양자역학적 개념이다. 전자가 바닥상태에서 들뜬상태로 천이하기 위해서는 두 정상상태 사이의 에너지 차에 해당하는 에너지를 흡수해야 가능하다. 두 번째로는 이렇게 들뜬상태에 있던 전자가 자발적인 과정을 통해 바닥상태로 떨어지면서 흡수한 에너지와 같은 에너지를 가진 빛을 방출하게 된다. 전자가 들뜬상태에서 바닥상태로 자발적으로 떨어지는 이유는 마치 무거운 물체가 중력 때문에 언제나 아래로 떨어지는 것과 원리적으로 같다. 이것은 또 열이 언제나 온도가 높은 곳에서 낮은 곳으로 흐르는 것과도 같다. 에너지가 최소인 상태가 가장 안정한 상태이기 때문에 에너지를 조금이라도

그림 15.7 (a) 백열전구에서 나오는 빛, (b) 레이저.

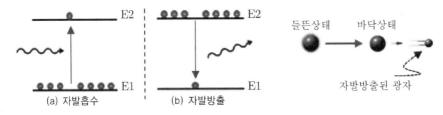

(a) 자발흡수   (b) 자발방출

들뜬상태   바닥상태

자발방출된 광자

그림 15.8 자발흡수와 자발방출.

가진 물리계는 호시탐탐 에너지를 받을 만한 계가 나타나기만 하면 그 계로 에너지를 버림으로써 안정한 상태에 도달하게 된다.

　이렇게 자발적 천이과정을 통해 방출된 빛들은 진동방향이나 방출되는 방향이 서로 다르기 때문에 레이저와 같은 직진성을 전혀 보이지 않는다(그림 15.8). 따라서 그림 15.7(b)처럼 여러 빛들이 같은 방향으로 정렬하여 똑같이 진동하면서 퍼지지 않고 직진하는 레이저를 얻기 위해서는 유도방출을 이용해야만 한다. 그림 15.9에 유도방출과정을 간단하게 묘사해놓았다.

　유도방출은 그림 15.8(b)처럼 자발적으로 방출된 빛이 이미 들뜬상태에 있는 원자를 자극하여 자기와 같은 상태의 빛을 방출시키는 과정이다. 그림 15.9의 오른쪽을 보면 이 상황을 좀 더 쉽게 이해할 수 있다. 여기서 원자가 들뜬상태에 있다는 것은 전자가 들뜬상태에 있다는 것과 같은 의미다. 따라서 입사광자가 들뜬상태의 원자를 자극하면 이 원자가 바닥상태로 떨어지면서 입사광자와 똑같은 광자가 유도방출되면서 2개의 광자가 최종적으로 얻어진다. 이 과정이 수없이 많은 원자를 통해 일어나면 무수히 많은 빛들이 같은 방향으로 함께 진동하면서 방출되는데 마치 싱크로나이즈 선수들의 움직임과 같다고 할 수 있다. 이렇게 유도방출된 빛이 바로 레이저다. 즉, 유도방출에 의해 결이 맞는 빛의 수가 많아지면서 빛의 세기가 증폭되어 장치를 통해 나오는 빛이 우리가 보는

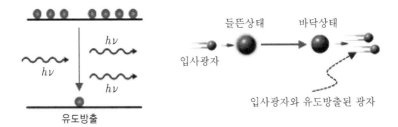

$h\nu$

$h\nu$

$h\nu$

유도방출

들뜬상태   바닥상태

입사광자

입사광자와 유도방출된 광자

그림 15.9 유도방출.

그 레이저다. 레이저의 색깔은 사용한 원소에 따라 달라지는데 그 이유는 원소마다 바닥상태와 들뜬상태 사이의 에너지 차이가 다르기 때문이다. 예를 들어 아르곤을 사용하면 푸른색, 수소를 사용하면 붉은색 그리고 이산화탄소의 경우에는 무색의 적외선 레이저가 각각 방출된다. 유도방출과정을 통해 얻은 빛의 특징으로는 같은 방향으로 같이 진동하는 결맞음성 그리고 잘 퍼지지 않는 직진성이다.

이러한 특성 때문에 일상생활뿐만 아니라 과학기술분야에서도 레이저가 다양하게 활용되고 있다. 우리 주변에서 가장 흔하게 볼 수 있는 것이 레이저 포인터, 레이저를 이용한 바코드 리더, CD의 읽기/쓰기용 광원, 홀로그램 그리고 레이저 아트 등이 있다. 이 외에도 금속을 포함한 다양한 재료들을 가공할 때 사용하는 레이저 절단기 및 용접기, 병원에서 사용하는 수술용 레이저, 연구용 및 군사적 목적으로 사용하는 레이저 등으로 그 응용분야는 무궁무진하다는 것을 알 수 있다. 최근에는 펨토초(femto second: 10^{-15}초) 또는 아토초(atto second: 10^{-18}초) 주기를 가진 펄스 레이저를 이용하여 원자수준의 극미세계에서 일어나는 초고속현상들을 실시간으로 마치 사진을 찍듯이 촬영할 수 있는 수준에 도달해 있다. 원자내부에서 전자가 이온화되는 과정이라든지 분자들이 결합하고 분리되는 과정처럼 거의 $\sim 10^{-15}$초$\sim 10^{-18}$초 정도로 짧은 순간에 일어나는 반응들을 실시간으로 볼 수 있게 되었다. 레이저의 미래는 어떻게 될까? 어떤 모습으로 또 우리들 앞에 나타날지 몹시 기대된다.

전자현미경

광학현미경은 빛을 이용하여 미세구조를 볼 수 있도록 고안한 광학장치다. 그런데 우리 눈으로 직접 볼 수 있는 빛의 파장에는 한계가 있기 때문에 이 파장보다 작은 물체나 미시구조는 더 이상 광학현미경으로 관측이 불가능하다. 가시광선은 대개 $4000\text{Å} \sim 7000\text{Å}$ 영역의 파장을 가지는데 4000Å보다 더 짧은 파장은 자외선영역에 해당된다. 여기서 Å는 10^{-10} m를 나타내는 문자로 옹스트롬(angstrom)으로 읽는다. 약 3000Å의 자외선을 광학현미경의 한계라고 하면 광학현미경으로 볼 수 있는 물체의 크기는 약 $0.3\,\mu\text{m}$ 정도가 된다. 따라서 이보다 작은 미세구조는 광학현미경으로 관측할 수 없게 된다. 만약 두 물체 사이의 거리가 빛의 파장보다 훨씬 작을 경우 두 물체는 하나로 관측되는데 이때 우리는 '분해능이 낮다.'라고 한다. 그럼 μm 이하의 크기를 가진 물체를 관측하기 위해서는 어떻게 해야 할까? 빛을 이용할 때보다 분해능이 훨씬 큰 현미경이 있어야만 된다. 파장이 짧을수록 분해능이 크기 때문에 빛의 한계파장보다 짧은 파장을 얻을 수만 있다면 가능할 것 같다. 지금부터 양자역학적 결과를 한번 이용해보자. 우리는 이미 드브로이의 물질파 개념을 알고 있다. 질량이 m인 전자가 v의 속력으로 운동할 경우 이 전자의 물질파 파장 λ는 다음과 같이 주어진다.

$$p = mv = \frac{h}{\lambda} \;\to\; \therefore \lambda = \frac{h}{mv}$$

파장이 전자의 속력에 반비례하는 것을 알 수 있다. 전자의 속력은 아주 높은 직류전압을 이용하여 가속시킬 수 있는데 전압이 높을수록 전자의 속력은 제곱으로 증가한다. 따라서 아주 높은 전압을 이용하여 전자를 가속시키게 되면 속력의 증가와 함께 전자의 드브로이 파장은 점점 짧아질 것이다. 전자의 운동에너지 $(1/2)mv^2$, 가속에너지 eV 그리고 위 식을 이용하여 다시 정리해보면 아래와 같은 식을 얻을 수 있는데 이 식을 이용하면 가속전압 V에 따른 전자의 드브로이 파장을 쉽게 계산할 수 있다.

$$\therefore \lambda = \frac{\sqrt{150}}{V}$$

만약 전자가 $10\,kV$의 직류전압으로 가속된다면 이때 전자의 드브로이 파장은 위 식에 따라 약 $0.12\,Å$이 되고, 가속전압이 $20\,kV$이면 약 $0.086\,Å$ 그리고 가속전압이 $100\,kV$가 되면 드브로이 파장은 약 $0.038\,Å$이 된다. 자외선 영역에 해당하는 $3000\,Å$에 비하면 훨씬 짧은 파장이다. 이렇게 짧은 전자의 드브로이 파장을 이용한 현미경이 바로 전자현미경이다. 전자의 짧은 파장 때문에 분해능이 커지게 되고 따라서 나노 크기의 미세구조도 충분히 관찰할 수 있게 된다. 광학현미경의 배율이 수십 배에서 최대 수천 배까지라면 전자현미경은 최대 수십만 배 정도의 배율을 얻을 수 있다.

주사터널링현미경 = 훑기뚫기현미경(scanning tunneling microscope: STM)

STM은 터널효과를 이용해서 원자 크기의 초미세구조를 볼 수 있는 현존하는 현미경들 중에서 분해능이 가장 뛰어난 현미경이다. 그림 15.10은 이 현미경으로 찍은 다양한 원자구조들에 대한 사진들을 보여주고 있다.

| 철 원자 울타리 | 실리콘(111) 표면 | 탄소 나노입자 |

그림 15.10 STM으로 얻은 나노 구조.

첫 번째 사진은 구리표면 위에 울타리 모양으로 배열한 철 원자들을 촬영한 것이고, 두 번째는 실리콘 표면 중에서 (111)면의 원자배열을 그리고 마지막 사진은 탄소원자들이 뭉쳐 수십 나노미터(10^{-9} m) 크기의 입자들로 이루어진 탄소표면을 촬영한 것이다. 양자역학적 터널효과의 결과물들이다. 지금부터 STM의 원리를 한번 살펴보자. 이 현미경에서 가장 중요한 것은 탐침(팁: tip)인데 이 탐침의 끝은 겨우 원자 몇 개 또는 이상적으론 1개 정도가 붙어 있을 정도로 뾰족하다. 이 탐침을 시료 표면 바로 위 ~Å까지 이동시켜 표면의 미시구조를 촬영하게 된다. 광학현미경으로 물체를 보기 위해서는 반드시 빛이 필요하다. 그럼 STM은 무엇으로 원자구조를 보는가? 바로 시료 표면과 탐침 사이에 흐르는 '터널전류(tunneling current)'가 광학현미경에서의 빛 역할을 한다. 그림 15.11은 이 현미경의 구조와 원리를 간단하게 묘사한 것이다.

그림의 왼쪽을 보면 탐침과 시료의 표면 사이에 터널전류가 흐르는 것을 볼 수 있다.

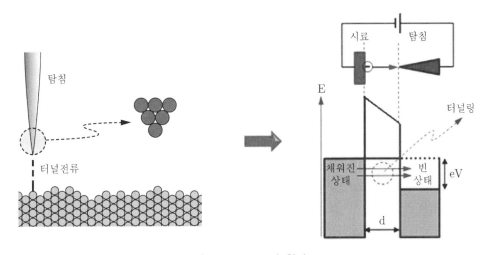

그림 15.11 STM의 원리.

그리고 탐침의 끝을 확대해 놓은 그림을 보면 아래쪽 끝에 원자 하나가 그려져 있는 것을 볼 수 있다. 이 경우는 이상적이긴 하지만 가능한 한 탐침의 끝이 뾰족할수록 현미경의 분해능도 좋아진다. 오른쪽 그림은 터널전류가 어떻게 발생하는지를 보여주는 에너지다이어그램이다. 그림을 보면 시료와 탐침 사이에 아주 높은 장벽이 있는데도 불구하고 시료에서 탐침 쪽으로 전자의 터널링이 일어나는 것을 알 수 있다. 터널전류의 크기는 시료와 탐침 사이의 거리에 따라 달라지는데 거리가 가까우면 터널링이 잘 일어나기 때문에 전류가 증가하게 되고 반대로 멀어지면 전류는 감소하게 된다. 따라서 탐침으로 시료 표면을 스캔하면 표면의 굴곡 때문에 시료와 탐침 사이의 거리가 변하게 되고 그 결과는 터널전류의 변화로 나타난다. 이렇게 측정된 터널전류의 변화는 컴퓨터를 통해 영상으로 전환된다. 이것이 바로 STM으로 원자수준의 미시구조 영상을 얻는 기본원리다. STM 외에도 원자수준의 미시구조를 볼 수 있는 또 다른 현미경이 있는데 원자력현미경(atomic force microscope, AFM)이라는 것이다. AFM도 원리적으론 STM과 거의 같은데 둘의 차이는 STM은 시료와 탐침 사이에 흐르는 터널전류를 이용하는 반면 AFM은 시료 표면의 원자와 탐침 끝의 원자 사이에 작용하는 반데르발스 힘(Van der Waals force)을 이용한다는 것이다. 양자물리학의 도움으로 우리는 원자를 직접 볼 수 있는 도구를 가지게 되었다. 오래전 만물의 근원이라고 여겨졌던 그 원자를 21세기엔 직접 눈으로 볼 수 있게 되었다. 정말 놀랍지 않은가! 그런데 아이러니하게도 인류는 이 원자를 이루고 있는 더 근원적인 원자에 대해 또 다시 궁금해 하고 있다. 인류가 그렇게도 찾고자 하는 참원자! 정말 더 이상 분해할 수 없는 그런 원자가 존재할까? STM이나 AFM으로 볼 수 없는 원자 아래 저 깊숙한 세계는 입자가속기라는 거대한 장치로 전자나 양성자와 같은 소립자를 거의 광속에 가까운 속도로 가속시킨 다음 원자와 충돌시킨다. 이 과정에서 수많은 파편들이 쏟아져 나왔으며, 과학자들은 이 속에서 쿼크(quark)들을 발견하였다. 21세기 현재 참원자는 바로 '쿼크'들이다. 하지만 우리는 또 묻는다. 쿼크보다 더 작은 만물의 근원은 무엇이냐고! 인류는 이렇게 역사의 징검다리를 스스로 만들어가며 미래를 향해 달려가고 있는 것이다.

양자컴퓨터

양자역학적 현상을 컴퓨터 연산에 응용한 것이 바로 양자컴퓨터(quantum computer)

이다. 다시 말해 양자역학적 원리를 이용하여 정보를 저장하기도 하고 연산을 하기도 하는 그런 컴퓨터이다. 양자컴퓨터에서는 기존의 컴퓨터에서 사용하는 '0'과 '1' 두 수로 이루어진 비트(bit)와는 완전히 다른 양자역학적으로 정의되는 큐빗(quantum bit, qubit)이라는 것을 정보의 기본단위로 사용한다. 큐빗 역시 0과 1을 이용하여 정보를 나타낼 수 있지만 비트와 다른 점은 0과 1의 중첩상태도 정보로서의 역할을 한다는 것이다. 이렇게 독립적인 두 상태가 얽혀 세 번째 상태가 가능한 이유는 바로 '양자얽힘(quantum entanglement)' 또는 '양자간섭(quantum interference)' 때문인데 이것은 양자역학적 입자 또는 시스템이 가진 파동성 때문에 나타나는 결과이다. 그럼 먼저 기존의 컴퓨터가 정보를 처리하는 과정을 한번 살펴보자. 기존의 컴퓨터는 비트(bit)라는 정보단위를 사용하는데 이때 '0'과 '1'이라는 두 수의 조합으로 정보를 표시하게 된다. 여기서 0과 1은 반도체 스위치의 on/off 또는 메모리소자에 저장되어 있는 정보를 지우거나 기록하는 것에 대응된다. 따라서 컴퓨터를 구성하고 있는 논리회로에 전류가 흐르게 또는 흐르지 않게 함으로써 신호를 제어할 수 있고, 이 두 종류의 신호들이 모여 정보들을 형성하게 된다. 0과 1을 이용해서 신호가 어떻게 처리되는지 'AND'라는 아주 간단한 논리회로를 예로 들어 한번 살펴보자. AND 회로는 두 입력신호가 모두 1일 때만 결과가 1이 되는 회로로 논리식은 F = XY 또는 F = X · Y로 나타낸다. 그림 15.12는 0과 1의 조합, AND 회로 그리고 AND 회로를 통해 얻어지는 결과를 나타낸다.

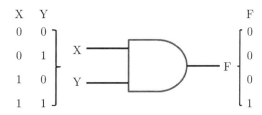

그림 15.12 AND 논리회로.

따라서 AND 회로는 두 입력신호 X와 Y가 모두 1일 때만 출력 F가 1이 되도록 꾸며놓은 연산회로다. 컴퓨터 속을 가득 채우고 있는 IC칩은 바로 이와 같은 논리회로들로 가득 차 있으며 컴퓨터는 이것들을 이용하여 연산을 수행하게 된다. 현재 우리가 사용하고 있는 컴퓨터가 바로 이런 과정을 통해 작동되고 있다. 이제 '양자얽힘'을 이용한 양자컴퓨터는 정보를 어떻게 다루는지 알아보자. 슈뢰딩거 고양이! 아마도 지금은 독자들과 조금은

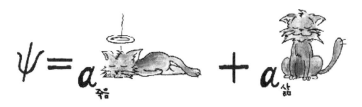

그림 15.13 $|0\rangle = |$죽음$\rangle$, $|1\rangle = |$삶$\rangle$, $a|0\rangle + b|1\rangle = a|$죽음$\rangle + b|$삶$\rangle$.

친숙한 고양이일 듯싶다. 기존의 컴퓨터에서는 삶(1)과 죽음(0)이라는 두 정보만으로 고양이의 상태를 결정하게 된다. 그러나 양자컴퓨터에서는 두 상태가 얽혀 있는 세 번째 상태도 정보로 이용될 수 있는데 그림 15.13을 보면 삶과 죽음이 공존하는 제3의 상태를 볼 수 있다.

결과적으로 양자얽힘을 이용하면 정보의 양이 훨씬 많아진다는 것을 알 수 있다, 예를 들어 하드디스크에 정보를 저장한다고 생각해보자. 기존의 컴퓨터는 하드디스크에 $|0\rangle$와 $|1\rangle$ 두 형태로만 정보를 저장할 수 있지만 양자컴퓨터는 $|0\rangle$, $|1\rangle$, 그리고 $a|0\rangle + b|1\rangle$ 세 가지 형태로 구분하여 정보를 저장할 수 있다. 여기서 $a^2 + b^2 = 1$이다. 컴퓨터는 기본적으로 정보의 저장과 처리과정으로 이루어져 있다. 컴퓨터의 처리속도는 얼마나 많은 정보를 동시에 병렬처리할 수 있는가에 달려 있다. 따라서 병렬처리할 수 있는 정보의 양이 많을수록 처리속도가 빠르다고 할 수 있는데 위의 예를 보면 양자역학적 정보를 이용하는 양자컴퓨터의 처리속도가 기존의 컴퓨터보다 빠르다는 것을 어느 정도 이해할 수 있다. 양자컴퓨터! 하지만 양자컴퓨터가 상용화되기까지는 해결해야 될 문제들이 많이 산재해 있는데 그중에서도 가장 중요한 문제가 양자역학적 상태를 생성시킬 수 있는 장치와 이러한 상태들로 이루어진 양자역학적 정보를 처리할 수 있는 장치가 아직 개발되어 있지 않다는 것이다. 관련 학자들이 앞다투어 연구에 몰두하고 있으니 곧 실현될 것 같긴 하지만 아직도 양자역학이 안고 있는 본질적인 문제, 즉 '슈뢰딩거 고양이'와 관련된 논쟁은 지금까지도 계속되고 있다.

인류에게 가장 먼저 다가온 빛은 과연 어떤 빛일까? 아마 별빛이 아닐까 싶다. 그중에서도 태양계의 중심에 있는 그 별로부터 온 빛이 최초로 우리 인류가 보게 된 빛일 것이다. 바로 태양의 빛! 빛을 본 순간부터 인류는 빛에 대한 원초적 호기심을 주체할 수 없었을 것이다. 빛에 대한 호기심과 동경은 기원전 약 사십만 년 전 인류의 태고적 조상인 호모에렉투스가 살던 선사시대까지 거슬러 올라간다. 이들이 최초로 빛을 얻었다. 지구상에서 만난 최초의 빛이었다. 비록 벼락에 맞아 불이 붙은 나무의 불꽃이긴 했지만 태양이 아닌 지구상에서의 최초의 빛이다. 그런데 햇빛과 벼락의 공통점은 모두 하늘에서 내려온다는 것이다. 그렇게 빛은 '하늘의 신'이 인류에게 보낸 최초의 선물이 되었다. 빛과 함께 인류는 문명의 길로 들어설 수 있었다.

빛의 본질은 과연 무엇일까? 빛은 질량을 가지지 않는다. 중력이라는 힘을 매개한다고 알려져 있는 중력자라는 입자도 질량을 가지고 있지 않은데, 빛과 함께 과학계의 큰 수수께끼로 남아 있다. 그리고 빛의 속력은 우주에 존재하는 모든 대상들이 가질 수 있는 속력의 최고한계를 제한한다. 아인슈타인의 특수상대성이론에 따르면 질량을 가진 그 어떤 물체도 빛과 같은 속력으로 또는 그보다 빠른 속력을 가질 수 없다. 하지만 빛은 그렇지가 않다. 빛은 태어나는 순간부터 광속으로 달릴 수 있는 특권을 부여받았다. 빛의 이러한 성질들도 20세기에 접어들어서야 겨우 알려지게 된 사실들이다. 역사 속에서 빛은 어떤 흔적을 남겼을까?

피타고라스는 빛을 입자의 흐름으로 생각하여 우리가 사물을 볼 수 있는 이유는 마치 손의 감각처럼 눈에서 나온 빛이 물체에 닿는 순간 그 물체의 존재를 볼 수 있게 된다고 주장했다. 피타고리스의 제자였던 플라톤 역시 같은 시각에 머물러 있었다. 그런데 플라톤의 학생이었던 아리스토텔레스는 색깔과 소리의 연관성에 주목하여 빛은 소리와 같은 파동이라고 주장했다. 당대 기하학을 집대성한 《원론(elements)》이라는 책으로 유명한 유클리드는 빛에 대한 체계적인 연구를 통해 《광학》이라는 책을 저술하게 되는데 이 책에서 '눈에서 나온 빛은 직진한다.'고 주장하기도 했다. 이후 큰 발전이 없다가 아라비아의 학자였던 알하잔은 1083년에 광학과 관련된 책을 출판하게 된다. 하지만 우리에게는 그다지 잘 알려져 있지 않은 인물인데 아마 아랍권의 학자이기 때문에 그렇지 않을까 싶다. 알하잔은 빛의 반사, 굴절과 같은 현대적 개념의 광학적 현상을 다룬 인물로 광학 발전의 역사적 중요성 때문에 재조명되고 있는 인물이기도 하다. 이때부터 중세 과학의 암흑기를 거치면서 과학의 다른 분야들과 마찬가지로 빛에 대한 연구도 거의 이루어지지 않았다. 16세기 갈릴레오의 등장으로 빛은 다시 과학사의 정면에 등장할 수 있었다. 망원경이 만들어져 목성의 위성이 발견되었으며, 빛이 얼마나 빠른지 알아보기 위한 다양한 실험도 시도되었다. 당시로선 그렇게 빠른 빛의 속력을 측정할 수 있는 장치가 없었기 때문에 모든 시도는 실패로 돌아가고 말았지만 이 문제는 고스란히 후배 학자들에게 대물림되었다. 17세기에 접어들면서 호이겐스와 뉴턴이 등장하게 되는데 이 시기부터 빛에 대한 진실공방이 시작된다. 즉, 호이겐스의 파동설과 뉴턴의 입자설이 이 논쟁의 중심이 된다. 거의 같은 시기에 살았던 두 학자였지만 하늘을 찌를 것 같은 뉴턴의 권위에 가려 호이겐스의 파동성은 크게 빛을 보지 못했다. 뉴턴은 프리즘을 통과한 빛이 왜 분산되는지, 그리고 그림자가 왜 생기는지, 반사는 왜 일어나는지 등을 입자설을 이용하여 모두 설명하였다. 지금은 이 모든 것이 잘못된 주장이라고 밝혀졌지만 그 당시에는 뉴턴의 주장을 대신할 만한 그 어떤 이론도 없었다. 비록 있었다손치더라도 뉴턴의 권위에 가려 호이겐스와 같은 처지가 되었을 것이다. 호이겐스는 빛이 공간 속을 전파해 갈 수 있는 이유가 마치 수면파가 동심원 형태로 물 위를 퍼져나갈 수 있는 것처럼 빛도 파동이기 때문에 가능할 것이라고 주장했는데, 지금은 '호이겐스 원리'로 잘 알려져 있다. 호이겐스는 또한 방해석의 복굴절을 이용하여 빛이 편광될 수 있다는 사실도 최초로 발견한 인물이다. 하지만 뉴턴의 그늘에 가려 파동설이 과학계의 정면에 다시 나타나기까지는 뉴턴의 권위를 극복할 만한 아주 강력한 증거가 필요했다. 두 세기를 훌쩍 넘어 19세기의 여명과 함께 빛의 파동설을 입증할 수 있는 역사적 실험이 이루어졌는데 바로 1801년에 영에 의해 수행된 이중슬릿 실험이다. 빛의 간섭현상을 증명하기 위한 실험으로 그 결과는 호이겐스 원리의 강력한 후원자가 되었으며 이후 뉴턴의 입자설을 대신해 빛의 본질을 파동으로 바꾸는 계기가 되었다. 19세기에는 그 유명한 맥스웰 방정식이 출현한 시기로 이 방정식의 결과로부터 빛이 전자기적 파동과 같다는 사실이 밝혀지면서 빛은 또 한 번 파동으로 확고하게 자리매김할 수 있었다. 빛은 이렇게 파동이 되었다. 19세기를 지나 20세기 초 양자개념이 출현하기 전까지 빛의 본질은 순수한 '파동' 그 자체였다. 그런데 플랑크상수, h와 함께 도입된 양자개념은 빛을 다시 입자로 만들었다. 플랑크의 에너지양자, 아인슈타인의 광전효과, 콤프턴효과 등 이 모든 현상들은 빛이 더 이상 파동이 아니라 입자라는 사실을 여실히 보여주는 결과들이었다. 우리는 딜레마에 빠졌다. 어쩔 수 없이 '양자택일'의 귀로에 있다. 한데 설상가상으로 이제는 입자였던 물체들이 파동성을 가질 수 있다고 하니 혼란의 연속이다. 미시세계로 들어갈수록 이상한 나라에 온 듯 정신이 혼미해진다. 이 문제를 어떻게 해결해야 할까?

이 책을 통해 살펴본 내용들이 바로 이러한 문제를 해결해나가는 과정을 그린 것이다. 과학자들은 이 딜레마를 '양자택일(兩者擇一)'이 아닌 '이중성(duality)'이라는 새로운 개념을 도입하여 '양자합일(兩者合一)'을 이뤄냈으며 일단은 딜레마로부터 벗어날 수 있었다. 이 탈출과정에서 이중성을 기술할 수 있는 새로운 방정식(슈뢰딩거방정식과 하이젠베르크 행렬역학)이 얻어졌으며, 이 방정식으로 미시세계에서 일어나는 수많은 현상들을 설명할 수 있었다. 그런데 '이중성'에 대한 본질적인 물음들이 꼬리에 꼬리를 물고 끝없이 이어졌다. 바로 양자물리학이 이중성을 가진 야누스를 불러냈기 때문이다. 야누스는 처한 상황에 따라 양면을 자유자재로 사용할 수 있는 능력을 가지고 있기 때문에 우리 뜻대로 다루기가 여간 어려운 것이 아니다. 야누스처럼 빛이나 입자들도 이중성을 동시에 보여주지 않기 때문에 우리는 우리가 원하는 야누스의 얼굴을 보기 위해 야누스가 좋아하는 무대를 설치해야 한다. 그리고 야누스가 잘 놀 수 있도록 공연을 준비하는 수밖에 별다른 도리가 없다. 바로 측정이라는 무대다. 우리는 관측자다. 관측자가 무대를 어떻게 준비하느냐에 따라 입자성도 볼 수 있고 파동성도 볼 수 있다. 공연이 시작되기 전에는 야누스가 어떤 얼굴을 하고 있는지는 아무도 모른다. 야누스를 불러냈기 때문에 우리가 치러야 할 대가다. 야누스의 양면성 때문에 '불확정성원리'도 필요하게 되고 무대에서의 참모습도 공연이 시작되는 순간밖에 알 수 없기 때문에 '확률'이라는 도구도 필요하다.

우리는 확률이라는 입체안경을 쓰고 야누스의 공연을 지켜보는 관측자들이다. 21세기는 더욱더 다양한 공연들이 펼쳐질 것으로 기대하고 있으며, 지금도 최첨단 과학무대에서는 야누스와 한창 공연 중이다.

양자세계
야누스를 깨우다

2015년 8월   5일 1판 1쇄 발행
2016년 11월 25일 1판 2쇄 발행

저 자 ◉ 이 종 덕

발행자 ◉ 조 승 식

발행처 ◉ (주) 도서출판 **북스힐**
　　　　　서울시 강북구 한천로 153길 17

등 록 ◉ 제 22-457 호

　(02) 994-0071(代)

　(02) 994-0073

　bookswin@unitel.co.kr
　　　www.bookshill.com

값 13,000원

잘못된 책은 교환해 드립니다.

ISBN 978-89-5526-978-9